本成果系刘彤同志“天府青城计划”哲社文化青年人才项目、“蓉城英才计划”社科青年人才项目培养期间完成的主要成果之一；本成果同时系刘彤同志主持的四川省课程思政示范课程、示范团队、示范专业、示范研究中心等系列项目阶段性成果。

数智媒体十讲：

文化、技术与艺术

刘彤 黄懋／主编

崔聪聪 颜凌欣／副主编

四川大学出版社

SICHUAN UNIVERSITY PRESS

图书在版编目（CIP）数据

数智媒体十讲 ： 文化、技术与艺术 / 刘彤， 黄懋主编． -- 成都 ： 四川大学出版社， 2024． 12． -- ISBN 978-7-5690-7479-6

Ⅰ． TP37

中国国家版本馆 CIP 数据核字第 2025EM4405 号

书　　名：数智媒体十讲：文化、技术与艺术
　　　　　Shuzhi Meiti Shijiang：Wenhua、Jishu yu Yishu

主　　编：刘　彤　黄　懋

选题策划：张建全　唐　飞
责任编辑：唐　飞
责任校对：王　锋
装帧设计：墨创文化
责任印制：李金兰

出版发行：四川大学出版社有限责任公司
　　　　　地址：成都市一环路南一段 24 号（610065）
　　　　　电话：（028）85408311（发行部）、85400276（总编室）
　　　　　电子邮箱：scupress@vip.163.com
　　　　　网址：https://press.scu.edu.cn
印前制作：四川胜翔数码印务设计有限公司
印刷装订：四川省平轩印务有限公司

成品尺寸：185mm×260mm
印　　张：12.5
字　　数：305 千字

版　　次：2025 年 1 月 第 1 版
印　　次：2025 年 1 月 第 1 次印刷
定　　价：48.00 元

扫码获取数字资源

四川大学出版社
微信公众号

前言

在科技日新月异与互联网深度渗透的双重驱动力下，人类社会已毅然跨入了一个全新的时代篇章——数智时代。此时代不仅是信息技术高度发展的里程碑，更酝酿着一场信息传播领域前所未有的深刻变革。在这场历史性的变革浪潮中，“数智媒体”作为一股崛起的新兴势力，与“新媒体”并肩协同，共同绘制了一幅错综复杂而又绚丽多彩的信息传播画卷。

数智时代是数字技术与智能技术深度融合的必然结果。它以数据为生命之源，智能为精神内核，推动着社会各领域广泛而深刻的转型。在这一时代背景下，信息的生成、处理、传播及应用均达到了前所未有的高效性与精确性。互联网、物联网、大数据、云计算、人工智能等前沿技术的蓬勃发展，不仅为信息社会的构建奠定了坚实的基础，也极大地拓展了人类生活的广度与深度。

作为数字时代背景下的媒体新形态，新媒体自其诞生之初便凭借独特的传播优势迅速崭露头角。它打破了传统媒体在时间和空间上的局限，实现了信息的即时传递与全球共享。然而，随着数智技术的不断成熟与完善，新媒体逐步演化为更加智能化、个性化的数智媒体。数智媒体在承继新媒体传播优势的基础上，深度融合了人工智能、大数据分析等先进技术，使得信息传播更加精准定向、高效快捷、互动性强。通过深度学习与用户行为分析，数智媒体能够精确捕捉用户需求，提供个性化的信息服务；同时，借助虚拟现实、增强现实等前沿技术手段，为用户营造出更加沉浸式的交互体验。今天，我们站在了一个新的历史起点上，面对着由数字技术、人工智能、大数据等先进技术驱动的全新传播环境，一个充满活力与挑战的数智媒体时代正徐徐展开。

《数智媒体十讲：文化、技术与艺术》一书的问世，恰逢其时地回应了这一时代的呼唤。本书不仅是对当前数智媒体现状的一次全面梳理，更是对未来发展趋势的一次深刻洞察。它以跨学科的视角，融合了文化、技术和艺术等多个维度，对数智媒体进行了深入而细致的剖析，为我们呈现了一幅丰富而多彩的数智媒体生态图景。

在本书中，我们不仅深入探讨了数智媒体的技术基础与特征，还通过丰富的案例分析和前沿理论的引入，展现了数智媒体在社会文化、经济发展以及个人生活等方面的广泛应用与深远影响。这些探讨不仅拓宽了我们的视野，也为我们提供了宝贵的启示和思考。

尤为值得一提的是，本书不仅仅停留于理论层面的探讨，更注重实践的指导价值。我们结合自身的研究经验和行业洞察，为读者提供了诸多具有可操作性的建议和策略。这些建议和策略不仅有助于读者更好地理解和应对数智媒体带来的挑战与机遇，更为我们在这一新兴领域中的探索与创新提供了有力的支持。

作为一本具有前瞻性和实用性的著作，《数智媒体十讲：文化、技术与艺术》无疑将成为广大研究者、从业者以及关注数智媒体发展的读者的重要参考。我们相信，通过本书的引导与启发，读者将能够更加深入地理解数智媒体的本质与未来趋势，共同推动这一领域的持续创新与发展。在此，我们衷心感谢所有为本书提供支持和帮助的同仁。同时，我们也深知自身的不足与局限，期待在未来的研究和实践中不断学习和进步。我们相信，在广大研究者、从业者的共同努力下，数智媒体领域必将迎来更加辉煌的明天。

让我们携手前行，在数智媒体的浪潮中乘风破浪，共创美好未来！

编　者

2024 年 9 月 2 日

目　　录

第一讲 关于数智时代“新”媒体的若干问题

本讲引入

在正式开始这门课的内容之前，我们先来热热身，做一道有关电子计算机发明史的“算术题”：你知道你的智能手机的“内存”（注意不是“储存空间”）有多大吗？那么你能想象，世界上最早的一批电脑的内存有多大吗？

目前公认的人类历史上第一台电子计算机，是1946年在美国宾夕法尼亚大学诞生的ENIAC（埃尼阿克），其名称是“电子数字积分计算机”（Electronic Numberical Integrator And Computer）的缩写。但是当时的电子计算机由于没有采用“冯·诺依曼机”的结构，所以不存在所谓的“内存”。

而世界上第一台有“内存”的电子计算机，是1951年诞生的EDVAC电子计算机，其名称为“离散变量自动电子计算机”（Electronic Discrete Variable Automatic Computer）的缩写，采用了标准的现代计算机结构，搭载了世界第一条内存，共1024个字节，但最终建造时只实现了一半，因此其内存为512 Byte。这些早期的计算机主要用于科研与军事领域。直到1969年，成功将人类送上月球的阿波罗11计划，所使用阿波罗制导计算机（AGC）的内存还只有2 KB。

课程思政

新中国第一台计算机的诞生历程

1953年1月，华罗庚受命在刚成立不久的中国科学院数学所内组建中国第一个计算机科研小组，目标就是研制中国自己的计算机。1956年，中国成立中国科学院计算技术研究所筹备委员会，中国第一台电子计算机103机设计完成。1958年8月1日，103机完成了四条指令的运行，这标志着由中国人制造的第一架通用数字电子计算机正式诞生。

从技术规格来看，103机采用磁芯和磁鼓存储器，内存仅有1 KB，运算速度为每秒30次。仅一年之后，104机就成功问世，运算速度提升至每秒1万次。

1981年，IBM公司发布的跨时代意义的“个人电子计算机”——IBM 5150，其系统板最高支持的内存为 64 KB。几年之后，1984 年，苹果公司推出的第一台具有图形用户界面的 Macintosh，将内存扩展至 128 KB。

进入笔记本电脑的时代以后，1992 年 ThinkPad 发布的第一台笔记本电脑 700C，内存达到了 4 MB。而进入移动互联网时代以后，智能手机在一定程度上延续了个人计算机的结构，并且变得更加小型化、便携化，然而依然存在“内存”这一结构。相比之下，2007 年苹果公司的 iPhone 4 的内存为 128 MB。而当 2024 年发布的 iPhone 16 的内存是 8 GB。

现如今我们来到了人工智能的时代，如果要在本地电脑上训练大模型，所需要的 GPU 显存又大概是多少呢？要回答这个问题也许需要更加深入的技术知识，但既然我们只是做一个简单的计算题，就仅做一个直观的比较。如果我们需要使用 PC 显卡在本地训练人工智能所用的大模型，那么当前许多“玩咖”所使用的显卡 GPU 的显存可以达到 24 GB。

了解了以上信息，我们来简单做一个计算。下表是以上“内存”的比较，为了直观起见，都换算为“千字节（KB)”单位。现在，请直观地比较一下它们的倍数。

时间	设备名	内存（RAM）	换算为千字节（即 KB）
1946 年	ENIAC	无	无
1951 年	EDVAC	512 Byte	0.5 KB
1969 年	阿波罗计划的 AGC	2 KB	2 KB
1981 年	IBM 5150	64 KB	64 KB
1984 年	Macintosh	128 KB	128 KB
1992 年	ThinkPad 700C	4 MB	4096 KB
2007 年	iPhone 4	128 MB	131072 KB
2024 年	iPhone 16	8 GB	8388608 KB
2024 年	本地训练 AI 大模型所用 GPU	24 GB	25165824 KB

简单感受计算机内存的变迁，并不是为了证实“摩尔定律”在今天是否还有效，也不是为了说明“曾经人类用内存仅 2 KB 的计算机就把人送上了月球，如今你却用内存高达 8388608 KB 的设备来玩手机游戏《水果忍者》”……而是为了引出以下思考：

如果说上述技术演进可以直观呈现为相当程度的“量变”，那么“质变”又是在什么时候或什么条件下如何发生的呢？从计算机“内存”发展的历史情况来看，到底哪些“变”了，而哪些是“没变”的？

什么是“新媒体”是一个难以回答的问题。许多年来，人们一直沿用这个概念，但随着媒介技术基础的演进、内容形态的更迭，这个范畴所指涉的对象开始变得纷繁复杂。而我们大可围绕这个概念进行“绕行”，从漫长的发展历史中曾被人们称作“新媒体”的各种对象或现象的描述开始。然而，各种“新媒体”的变化并不是线性演进的，且“新媒体”范畴所包含的对象内部也并不是同质化的，更何况当人工智能到来时，我们同样要面对上述追问，即哪些是“新”的，而哪些并非“新”的？

一、“新媒体”还是“新”媒体

（一）什么是“媒体”

从词源的角度来看，“媒体”（Media）一词源自拉丁语“medius”，意指“中间”或“两者之间”。在现代语境下，“媒体”通常指代用于传播和接收信息的各种媒介。具体而言，媒体是人类借助于某种工具、渠道、载体、中介物或技术手段，来实现信息的传递与获取的过程与方式。它不仅涵盖传送文字、声音等信息的工具和方法，还包括一切将信息从信息源传递给信息接收者的技术手段。因此，媒体具有双重含义：一方面是指那些承载信息的物质媒介，如纸张、屏幕、音频设备等；另一方面是指储存、呈现、处理和传递信息的实体和系统，包括印刷媒体、电子媒体、数字媒体等。

即便在古汉语中，“媒”字的结构和意义也蕴含“中介”的含义。《诗经·卫风·氓》中有“匪我愆（qiān）期，子无良媒”之句，表明“媒”在古代主要用来指男女婚嫁中传递情意的中介者或媒人。这与俗语“天上无云不下雨，地上无媒不成婚”相呼应，说明“媒”这一概念在传统社会中主要承担着“传情达意”的桥梁作用，体现了其“中介”的本质功能。

拓展阅读

“媒体”与“媒介”的概念辨析

“媒体”和“媒介”是两个相似且相关的概念，而理解这两个概念的差异对于深入探讨媒介生态系统和信息传播过程中的复杂性和多样性是十分必要的。

“媒介”（Medium）在学术上通常指代信息传递过程中所使用的单一工具、方法或技术手段。它更多地侧重于具体的传输方式和技术本身，而不是传播信息的机构和系统。在传播学、符号学和媒介理论中，“媒介”通常被定义为任何承载信息并使之能够被接收、解读和传播的物质或技术手段，其概念广泛涵盖了从文字、图像、声音到电子数据的各种表现形式。

而“媒体”（Media）是“medium”的复数形式，作为一个集合概念，涵盖了所有类型的沟通手段和载体，包括印刷媒体（如报纸和杂志）、电子媒体（如广播和电视）、数字媒体（如互联网和社交媒体）等。“媒体”概念通常用于讨论大规模的信息传播系统、社会沟通和舆论形成的具体装置和机构。

在具体的学术研究过程中，研究“媒体”时，学者关注的是这些机构如何生成、过滤、操控和传播信息，以及它们在社会文化、政治经济中的地位和作用；而研究“媒介”时，学者更多探讨其技术特征如何影响信息的形式、内容、传播方式和感知方式，以及其对人类感知和社会行为的深层影响。

鉴于以上对“媒体”概念的界定，我们可以进一步思考一些更为日常的情境。例如，学校后门的中介门口摆放的“今日房价”小牌子，或是宿舍楼下小卖部门口的“特价水果”小广告牌，这些物件是否可以被视作“媒体”？答案是肯定的。根据对“媒体”的广义定义，即“人借助用来传递信息与获取信息的工具、渠道、载体、中介物或技术手段”，这些牌子显然符合这一标准。它们通过提供信息（如房价或水果价格）来达成信息传播的目的，起到了媒介的作用。因此，通俗地说，任何能够“传递信息与获取信息的东西”都可以被视为媒体。

无论是传统的报纸、广播，还是现代的社交媒体平台，甚至是像房价牌或水果价格牌这样的小型广告载体，所有这些都在媒介理论的广义范畴内，承担着传播信息的角色。通过这种视角，媒介研究不仅仅关注宏大的传播工具和体系，也涵盖日常生活中微观层面的信息传递现象。这种对媒体的理解，凸显了其在社会沟通、信息传播和文化生产中的多样化功能。

（二）什么是“新媒体”

“新媒体”（New Media）是一个不断演变的概念，在不同技术条件、历史阶段、学者研究之下，这一概念被用于指代随着数字技术和网络技术的进步而出现的一系列新的信息传播媒介和平台。

早在1967年，美国哥伦比亚广播公司（CBS）的研究与开发部主管彼得·戈尔德马克（Peter Goldmark）提出了“新媒体”的概念，这一概念在当时的语境下指代了一系列基于当时最新技术的创新媒介形式。他提出的“新媒体”主要是指将声音、图像和文本结合起来，通过电子设备进行传递和展示的媒介形式。他设想了一种多媒体设备，可以播放视频、音频，并以一种全新的方式传递信息和提供娱乐。这种设备与今天的多媒体播放器有些类似，但在当时的技术条件下，属于相当先进的设想。

戈尔德马克的“新媒体”概念虽然出现在20世纪60年代，但其核心思想在现代新媒体的诸多特征中都有所体现，例如多媒体整合、互动性、个性化和便携性等。尽管在具体的技术实现上存在着年代的局限，但戈尔德马克的设想预示了信息时代的某些发展方向，对后来新媒体技术的发展起到了重要的启发作用。

2000年前后，法国学者雷吉斯·德布雷（Régis Debray）在其媒介学研究中对人类社会的媒介形态进行了系统的划分，并提出了“第五媒体”的概念，作为对“新媒体”的新思考。他把媒体划分为五个发展阶段，即五大“媒体”，包括以语言和手势为代表的第一媒体，以文字和书写为代表的第二媒体，以印刷媒体为代表的第三媒体，以广播和电视为代表的第四媒体，而将“新媒体”定义为“第五媒体”，用以描述因数字技术的发展而出现的全新媒介形式。德布雷定义的“第五媒体”依赖于数字技术和网络技术的结合，信息以数字形式存储、处理和传输，通过互联网实现全球范围内的连接和互动。

到了2006年左右，传媒和媒介研究学者亨利·詹金斯在其著作《融合文化：旧媒体与新媒体的碰撞》中从技术发展的角度审视新媒体的兴起，认为新媒体不仅改变了信息的传播方式，还深刻影响了社会结构、文化形态和个体行为。他强调新媒体技术是推动社会变迁的重要力量。而他的另一本著作《文本盗猎者》，从文化的角度来看待从“电视”到“新媒体”的参与式文化的形成。他认为，新媒体使得受众不再仅仅是信息的接收者，而是成为内容的创作者和传播者。亨利·詹金斯还关注新媒体在跨媒体叙事中的作用，他认为，新媒体为跨媒体叙事提供了更为广阔的平台和工具，使得故事可以在多种媒体形态之间自由流动和相互补充。这种跨媒体叙事方式不仅丰富了故事的表现力，还增强了受众的参与感和沉浸感。

可见，从技术发明、传播方式与文化生态的不同角度出发，人们对“新媒体”的认识不尽相同。而综合各家之言，我们暂且可以对“新媒体”下一个操作性的定义：“新媒体是指由技术的发展变革所催生的，具有特定的传播方式及与之相匹配的内容形态的新型媒体。”

当前这一“技术”主要指的是“数字技术”，而“智能化”是其最新表现形式。

这个定义包含了新媒体的技术性驱力、传播特征及其所催生的内容形态。而所谓的“操作性定义”，恰恰是意识到“下定义”这个行为本身的局限性所在。因为上述这三方面因素均是处在不断变动当中的，简单来说，“新”又有“更新”者。那么，我们讨论的概念到底是“新媒体”，还是“新”媒体呢？

（三）“新媒体”定义的局限性问题

需要思考的是，“新媒体”这一术语本身是否暗示了一种“新”与“旧”媒体的二元对立关系？这种划分在学术讨论中是否存在一定的局限性？

首先，“新媒体”这一定义无法回答媒体发展本身的相对性与时效性问题。所谓的“新”媒体具有相对性，即随着时间的推移，“新媒体”很快可能会变成“旧”媒体。例如，20 世纪 90 年代的互联网和电子邮件曾被认为是新媒体，但到了 21 世纪初，社交媒体和移动互联网又成为新媒体的代表。因此，“新媒体”的“新”是一个不断变化的过程，使得这个概念具有一定的模糊性和时效性。

另外，这一概念所暗含的线性发展的观点，容易忽视媒体发展的渐进性和连续性，也无法回答“旧”媒体的自我更新。传统媒体在技术和形式上也在不断演化，纸质报纸有电子版，广播电台开设了网络直播，电视台推出了点播平台。因此，所谓“新”与“旧”媒体的界限并不总是清晰的，而这种对立的思维方式可能会限制对媒体演变的全面理解。

此外，“新媒体”概念在某些学术讨论中容易陷入技术决定论的陷阱，过于强调技术的变革力量而忽视社会、文化、经济和政治因素的复杂互动。研究往往侧重于技术特征（如数字化、互动性、个性化等），而对这些技术如何在不同社会文化背景下被采用和适应的研究相对较少。应该留意的是，不同的社会制度、文化传统和经济条件会影响新媒体的使用方式和社会影响。因此，简单地以技术划分“新”与“旧”可能忽视了技术与社会互动的多样性和复杂性。

同时，“人”的因素也不能忽视，应留意用户如何利用新媒体、如何解读和再现信息，而一些用户又为什么依然“执着”于“旧”媒体，这些都取决于具体的社会情境和个体经验，而不是单纯的技术条件所决定的。实际上，用户在新媒体和传统媒体之间的互动和体验并非完全割裂的。例如，用户可能同时阅读报纸和使用社交媒体，也可能通过社交媒体讨论传统媒体上的内容。

值得一提的是，新兴技术的发展速度远超理论研究的跟进速度，使得“新媒体”概念时常面临挑战。随着人工智能、物联网、虚拟现实、增强现实、区块链等技术的兴起，“新媒体”这一概念是否能涵盖这些新型媒介形式以及它们带来的传播变革，仍然存在争议。这些新兴技术的应用进一步模糊了“新媒体”与其他媒介形式的界限。

因此，尽管我们的讨论中依然会按照约定俗成使用“新媒体”这个概念，但我们应该首先意识到这一概念的局限性。在此基础上，需要继续寻找能够分析与思考我们当前的媒介、媒体各种现象的方法。

二、数智时代与数智媒体

（一）媒体、媒介或“人的延伸”

要思考这一“更加新”的“新媒体”问题，一种历史性的、“长时段”的分析视角也许能为我们提供更加深刻的思路。从事媒介研究的学者大概无人不晓马歇尔·麦克卢汉（Marshall McLuhan，1911—1980）之名。麦克卢汉是20世纪最具影响力的媒介理论家之一，他以独特的视角和深入的洞察力影响了传播学、媒介研究和文化研究等多个领域。麦克卢汉在其最具代表性的著作《理解媒介：论人的延伸》中曾提出三个关于“媒介”的重要命题：

“媒介是人的延伸！”

“媒介即讯息！”

“新媒介的内容是另一种旧媒介！”

其中，“媒介即讯息”这一命题的基本含义是：过程（介质）与内容（讯息）一样重要，而过程正指的是沟通和交流如何进行。也就是说，技术和媒介从来不是中性的。

理论参考

马歇尔·麦克卢汉的理论命题

马歇尔·麦克卢汉是加拿大文学学者、哲学家和媒介理论家，在他的一生中提出了一系列重要的概念和理论。这些理论不仅改变了人们对媒介的理解，也深刻影响了如今人们对于媒介、技术与文化关系的思考。

麦克卢汉最为人熟知的是他的“媒介即讯息”（The medium is the message）和“全球村”（Global Village）等概念，此外他的一系列命题都影响了我们思考媒介，尤其是当代大众媒介的理论视角。

1. 媒介即讯息（The medium is the message）

“媒介即讯息”是麦克卢汉最著名的命题之一，这一观点指出，媒介本身对社会的影响比媒介所承载的内容更为重要。在他看来，媒介不仅是信息的传递工具，更是塑造人类感知、思维方式和社会结构的关键因素。通过这一定义，他试图强调，技术和媒介的形式改变了人类的经验，重新定义了人类的社会组织和文化模式。例如，电视这种媒介的出现改变了人与信息的互动方式，重新塑造了社会的传播模式，而这种改变比电视节目本身的内容更具有深远的影响。

2. 冷媒介与热媒介（Hot Media and Cool Media）

麦克卢汉将媒介分为“热媒介”和“冷媒介”，这是他对媒介参与度的独特分析。“热媒介”（Hot Media）指的是那些提供大量信息、低参与度的媒介，如电影和广播，这些媒介倾向于在高定义的情况下向受众传达明确的信息。“冷媒介”（Cool Media）则是信息较少但要求受众高度参与的媒介，如电话和漫画，这些媒介的定义较低，受众需要投入更多的解释性参与。麦克卢汉认为，这种区分有助于我们理解不同媒介形式对受众的影响方式以及社会的文化反应。

3. 全球村（Global Village）

“全球村”是麦克卢汉的另一个核心概念，它预见了电子媒介时代将世界各地的人们前所未有地连接在一起。麦克卢汉提出，电子媒介消除了时间和空间的障碍，将地球上的每个角落变成一个紧密联系的“村庄”。这一概念在互联网时代变得更加相关，因为全球网络的出现使得信息能够即时传播，所有人都可以随时随地获取信息。这种全球化的联结也带来了文化的碰撞和融合，塑造了现代社会的多样性与复杂性。

值得注意的是，麦克卢汉也是媒介环境学（Media Ecology）的奠基人之一，这一理论认为，媒介是塑造人类经验和社会环境的重要力量。在他看来，媒介并不是孤立存在的工具，而是与文化、社会、经济、政治等多方面因素相互作用，共同形成一个复杂的生态系统。这种视角强调媒介的整体性和系统性，试图探讨不同媒介形式如何相互影响，并如何在其中塑造人类的文化和社会结构。

麦克卢汉的理论在20世纪六七十年代产生了广泛影响，尤其是在传播学、文化研究和媒介研究领域。然而，他的观点也引发了一些争议。批评者认为，麦克卢汉的论述有时过于模糊，缺乏实证支持，且他的理论倾向于过度强调媒介的影响力，而忽视了人类主体性和社会因素的复杂性。

尽管如此，麦克卢汉的工作仍然为我们提供了一种深刻理解媒介和技术如何塑造人类社会和文化的新方法。他的理论在数字时代的今天仍然具有重要的解释力和启发性，为进一步研究媒介与社会关系提供了坚实的基础。

尽管麦克卢汉所论述的“媒介”呈现出一种“无所不包”的倾向（打比方说“火车”在他看来也是一种媒介，并深刻影响了现代社会的方方面面），但恰恰是这样，能够让我们以更加宽广的思路，将人工智能的问题纳入考量范围中。质言之，我们所分析的并不是“人工智能对媒介的影响”，而应该首先承认“人工智能本身也是携带着特定讯息的媒介”，进而再去追问，“融合了人工智能之后，我们过去的传统‘媒体’或‘新媒体’这些媒介会何去何从？”

（二）人工智能与数智时代的媒体

1. 人工智能的发展阶段与类别

一种观点认为，我们今天所处的人工智能发展阶段——“通用人工智能”（Artificial General Intelligence，AGI）时代——将成为新一次工业革命的起点，而这一判断的核心便在于“通用”二字。回顾历史，第一次工业革命的技术基础是“通用蒸汽机”的出现。蒸汽机作为一种通用技术，广泛应用于各个行业，成为推动各种机械运作的动力引擎，从而催生了机械化生产的普及与发展。同样地，信息时代（如果我们称之为第二次工业革命）的核心推动力则是“通用计算机”的发明和普及。计算机这种通用设备，能够在各种工作环境中高效执行从数据处理到复杂计算等一系列任务，无论是占据整间房屋的大型计算机还是桌面上的个人电脑，它们都提供了“一站式”的解决方案。

从这些发展历程中，我们可以看到“通用性”技术的革命性影响。计算机技术的进步催生了互联网的出现与扩展，而互联网则成为一个几乎无所不包的平台，进一步改变了信息传播和人类沟通的方式。如今，随着“通用人工智能”的发展，我们正迎来一个类似的技术变革时刻。AGI 的“通用性”特征使其具备跨领域学习和应用的能力，这意味着它不仅能够像专用 AI 那样在某一特定领域超越人类能力，还能够在广泛的任务和情境中表现出智能行为。这种智能技术的普及和深化，可能会再次重塑我们的生产模式、生活方式以及社会结构。

因此，从“通用蒸汽机”到“通用计算机”，再到今天的“通用人工智能”，历史似乎正一再验证着这样一个逻辑：通用性技术的每一次突破，都标志着一次新的生产力革命的到来。而在这个崭新的 AGI 时代，我们或许将见证更为深远和广泛的技术革新和社会转型。

“通用蒸汽机”与第一次工业革命

“通用蒸汽机”通常指的是一种可以在不同领域中广泛应用的蒸汽动力装置，它是工业革命初期最具代表性的技术发明之一。具体来说，“通用蒸汽机”通常与詹姆斯·瓦特（James Watt）在18世纪下半叶改良的蒸汽机有关。瓦特的蒸汽机具有更高的效率和通用性，可以被应用到各类机械设备中，为各种行业提供动力，从而推动了第一次工业革命的快速发展。

在瓦特改良蒸汽机之前，托马斯·纽科门（Thomas Newcomen）在1712年发明了第一台商用蒸汽机，这种蒸汽机被称为“纽科门蒸汽机”，主要用于煤矿的排水。然而，这种蒸汽机效率低下，使用成本高，限制了其应用范围。

詹姆斯·瓦特在1760年代对纽科门蒸汽机进行了重大改进。他发明了分离冷凝器，大幅提升了蒸汽机的效率，同时减少了燃料消耗。这种改良使得蒸汽机不再局限于特定用途，可以被应用于更加广泛的工业和商业场景中，如纺织厂、矿山、钢铁厂、运输工具（如火车和轮船）等。瓦特的蒸汽机因此被称为“通用蒸汽机”。

在这里，“通用”意味着这种蒸汽机具有高度的适应性和可移植性，可以用作各种机械的动力源。它的应用范围非常广泛，不仅限于某一个特定行业或特定任务，而是可以为各种工业生产提供动力支持。正是由于这种“通用性”，瓦特的蒸汽机成为第一次工业革命的技术核心之一，并将人类带入一个全新的工业化时代，为后续的技术发展和现代社会的形成奠定了基础。

生成式人工智能对社会发展的重大影响，已经被纳入我国相关政府部门的重要战略发展规划中，并且在近年来得到了政策层面的持续推进。我国相关政府部门陆续发布了一系列政策文件，旨在推动人工智能技术的发展与应用，进一步加强人工智能与经济社会各领域的深度融合。

近年来我国发布的“人工智能”相关政策文件

早在2016年5月，国家发改委、科技部、工信部、中央网信办制定了《“互联网+”人工智能三年行动实施方案》，这是一个系统性的发展规划，明确了人工智能与互联网、大数据、云计算等新兴技术的融合路径，推动人工智能在智能制造、智慧城市、现代农业等多领域的应用落地。

2017年7月，国务院发布的《国务院关于印发〈新一代人工智能发展规划〉的通知》进一步确立了我国在人工智能领域的发展方向和目标。该规划指出，到2030年，我国将成为世界主要人工智能创新中心。这一政策文件系统性地规划了人工智能技术发展的三步走战略，强调了在基础研究、核心技术突破、应用场景拓展等方面的具体任务，为我国人工智能产业的发展提供了明确的路线图。

2019年3月，科技部等六部门发布的《关于促进人工智能和实体经济深度融合的指导意见》进一步强调了人工智能对传统产业转型升级的重要意义。该文件指出，人工智能的深度应用不仅能够提高制造业的智能化水平，还能够在农业、服务业、医疗健康等多领域推动创新和变革，创造新的经济增长点和就业机会。

进入2023年，随着生成式人工智能技术的快速发展和广泛应用，监管和规范政策也应运而生。2023年7月，由国家网信办等7个部门联合发布的《生成式人工智能服务管理暂行办法》，成为当前人工智能政策体系中的重要一环。该办法不仅规范了生成式人工智能服务的研发、应用和管理，还强调了数据安全、隐私保护、伦理道德等方面的要求，力求在推动技术创新的同时，确保人工智能的安全可控和负责任发展。

这些政策文件明确了人工智能在新型基础设施建设、数字经济新业态创造、产业升级和社会服务等方面的重要战略意义。它们不仅反映了我国相关政府部门对人工智能技术前景的高度重视，也为我国在全球人工智能技术和产业发展竞争中占据有利地位提供了强有力的政策支持。

当前我们所熟知的人工智能，主要分为两大类：生成式人工智能（Generative AI，国内学界多使用 AIGC 的概念，即 Artificial Intelligent Generated Content）与决策式/分析式人工智能（Discriminant/Analytical AI）。这两种人工智能类型在概念、应用场景和发展方向上各有侧重，并在各自的领域内展现出了显著的价值和潜力。

一方面，决策式/分析式人工智能是一种以分类、判断和决策为核心的人工智能系统，主要依赖于监督学习和深度学习模型来进行数据分析和预测。这类 AI 的应用已经渗透到我们日常生活的各个方面，例如内容推荐（如抖音、Netflix、YouTube 的个性化内容推荐算法）、内容审核（如社交媒体平台的恶意内容检测）、人脸识别（如苹果的 Face ID 或公共安全中的监控系统）、精准广告推送（如 Google Ads、Facebook Ads 的广告精准投放）等领域。它通过对大量数据进行分类、回归、聚类和决策树等分析方法，提供高度精准的分析和预测能力。近年来，深度神经网络的发展使得决策式/分析式人工智能能够处理越来越复杂的数据集和任务，例如“阿尔法狗”（Alpha Go）击败人类顶尖棋手，表明 AI 在解决复杂的、垂直领域问题方面达到了新的高度。

相关案例

Alpha Go 属于哪种类别的人工智能？

Alpha Go，作为一款具有划时代意义的人工智能产品，由谷歌（Google）旗下的深度思维（Deep Mind）公司开发，采用了深度学习、蒙特卡洛树搜索等先进技术，实现了对围棋规则的深度理解和高超的对弈能力。简言之，通过不断的自我对弈和数据分析，Alpha Go 能够持续提升棋艺，展现出强大的自我学习能力。

2016 年，Alpha Go 与世界围棋冠军李世石进行了一场举世瞩目的对决，并以 4∶1 的总比分获胜，这一成就震惊了围棋界。Alpha Go 随后不断升级，推出了 Alpha Go Zero、Alpha Go Master 等版本，进一步展现了人工智能技术的无限潜力。

从上述分类上看，Alpha Go 属于决策式/分析式人工智能。具体来说，Alpha Go 通过深度学习和自我对弈，不断提升其决策能力。而在围棋这一复杂游戏中，其核心功能包括策略网络的走棋预测和价值网络的胜率评估，这些功能都是基于大量数据进行分析和决策的典型体现。与生成式人工智能相比，Alpha Go 更侧重于通过分析和推理来做出最优决策，而不是生成全新的内容。它利用深度神经网络从大量棋谱数据中学习，识别出有效的棋局模式和策略，并在实际对弈中根据当前局面进行最优决策。这种能力使得 Alpha Go 在围棋领域取得了前所未有的成就，并推动了人工智能技术在决策支持领域的发展。因此，从 Alpha Go 的核心功能和技术特点来看，它更符合决策式/分析式人工智能的定义和应用场景。

案例出处：万芳奕. 基于人工智能系统机器学习的算法和理论——从阿尔法狗看机器学习 [J]. 数字技术与应用，2017 (11)：221—222.

另一方面，生成式人工智能代表了一种能够创造新内容的人工智能系统。它的工作原理主要依赖于生成对抗网络（GANs）、变分自动编码器（VAEs）、自回归模型（如 GPT—3 和 GPT—4）等技术，通过学习已有数据的模式和特征来生成类似的内容。生成式人工智能的应用领域极为广泛，涵盖了大批量的内容生产，能够根据用户输入自动生成文本（如文章、新闻摘要、问答内容等）、图像（如 DALL—E 生成的艺术作品）、视频（如 Deep Fake 技术）、三维表现形式（如虚拟现实和视频游戏中的场景）等。它不仅可以辅助人类进行创意工作，甚至在广告、游戏、新闻、社交媒体等内容创作和产品分发领域，提供定制化解决方案。例如，ChatGPT 能够根据用户的问题生成详细的答案。

二者的根本区别在于其功能性和应用场景。决策式/分析式人工智能是基于已有的数据做出判断和预测，专注于分析、识别和分类现有的信息。它在单一、特定领域内表现优异。而生成式人工智能则超越了分析和决策的范畴，能够创建和生成新的内容。这种能力使其更具通用性，适用于更广泛的场景。从文本生成到图像创作，再到视频制作和复杂的三维场景构建，生成式人工智能不仅能满足大规模的内容需求，还能通过个性化推荐和内容优化，为用户提供更贴合个人兴趣的体验。其能力的提升使其被广泛视为通向未来通用人工智能（AGI）的重要基础。

生成式人工智能和决策式/分析式人工智能的协同发展，不仅丰富了人工智能的应用场景，还推动了 AI 研究的多维度探索。Alpha Go 的胜利标志着决策式/分析式人工智能在垂直领域的突破，而 ChatGPT 和 SORA 的出现则预示着生成式人工智能在通用性和人机互动方面的巨大潜力。生成式人工智能被认为具有推动 AGI 发展的潜质，因为它能在跨领域的任务中展现出创造性和灵活性，甚至接近人类思维的某些特征。

然而，这两种 AI 的发展也面临着一定的挑战。例如，决策式/分析式人工智能在某些复杂系统中的透明度问题，生成式人工智能在生成内容的伦理与真实性问题等，都是未来研究的重要方向。只有在解决这些挑战的基础上，AI 技术才能更好地实现其潜在价值和社会影响。

2. 人工智能与数智时代的媒体

近年来，随着人工智能，尤其是生成式人工智能技术的日益成熟，由人工智能赋能的新型媒体形态引发了广泛而深入的讨论。国内学者纷纷围绕这一前沿发展提出了诸如“智媒时代”“智能媒体”“人工智能时代”“数智时代”“数智化新媒体”“数智媒体生态”等多种概念。尽管这些概念在具体表述上有所不同，但在内涵上具有一定的相似性和关联性。

这些概念的提出普遍反映了一种基于“数字化+智能化”技术最新发展的时代划分诉求。简言之，学者们试图通过这些术语为当前媒体技术的演进划定一个“数智时代”的分界点。“数智时代”这一术语融合了“数字化”和“智能化”两个关键概念，用以描述在当代信息技术驱动下的新型社会与经济发展阶段。在这一时代背景下，数字技术（如大数据、云计算、区块链等）与智能技术（如人工智能、机器学习等）深度融合，推动各行业的转型与创新。

数字化是数智时代的基础，指的是将信息、数据和业务流程转换为数字形式，以便于存储、处理和分析。这一过程涉及大量数据的收集、存储和管理，为智能化提供了必需的数据支持。智能化则是在数字化基础上，通过人工智能、深度学习和数据分析等技术手段，实现对数据的深度挖掘和智能决策，体现了技术的自我学习和优化能力。

“数智时代”不仅标志着技术的进步，更意味着技术在社会、经济、文化等层面带来的深刻变革和重构。与这一时代相对应的“数智媒体”（Digital Intelligence Media）是一个贴切的概念，它涵盖了智能化、数据驱动、平台化、交互性、融合性、实时性和个性化等特征，强调数字技术与智能算法在媒体领域的深度融合与应用，以及它们对媒体形态和功能的重塑。

因此，本书倾向于采用“数智媒体”这一术语，以具体指称“数字化+智能化”时代下的媒体形态及其前沿发展现象。然而，需要明确的是，这一概念仍是一个“操作性”概念，仅用于描述和分析这一特殊发展阶段中的媒体现象。就像我们此前对“新媒体”这一概念内涵的界定一样，因为它始终处于“更加新”的变化当中，因此需要以一种更加开放的看法与思考被暂且纳入该范畴之下的各种现象。

相比于前述围绕“数智化”衍生的各类复杂的新“媒体”概念，也有学者基于生成式人工智能的技术基础，依托既有的“平台型媒体”提出了更为具体的“生成式平台型媒体”这一概念。这一概念认为，生成式人工智能将直接变革现有的新媒体平台，将原本基于互联网技术、算法、流量的“传统平台型媒体”迭代为“生成式平台型媒体”。在这里，若我们常说的“传统媒体”指的是电影、广播、电视、报刊等，那么所谓的“传统平台型媒体”则涵盖了我们前面提到的“新媒体”，如微博、微信朋友圈、基于算法的内容推送类 App、小红书、抖音、快手等。传统媒体的经营核心在于销量和收视率，而去中心化的新媒体平台则将流量作为关键指标。而在 AIGC 的推动下，生成式平台型媒体的基础将不仅仅依赖于算法和数据，而是以“算力”和“算据”为核心。它突破了不同新媒体平台之间的壁垒，在“通用”层面上形成了一种“去中心化再组织”的态势——简单来说，AI 有可能再次成为不同新媒体平台的通用核心。

这一思路实际上揭示了“数智媒体”相较于此前“新媒体”的一个根本性变化。尽管目前以 ChatGPT 等生成式人工智能赋能的平台型媒体尚未成型，但一个可能出现的趋势是：随着 AIGC 的到来，传统意义上的“内容”将不再是稀缺资源。然而，稀缺之物依然存在，它或许会成为生成式平台媒体建构过程中各方争夺的关键因素——那就是“价值”。

在生成式平台型媒体的生态中，“价值”的创造、分配与认同，可能成为新一轮技术与平台变革的核心议题。在生成式人工智能的影响下，“价值”成为“新媒体”发展趋势中的核心关键词，而“价值的匹配与连接”则是实现这一趋势的关键所在。质言之，生成式平台型媒体的出现让传媒的关注点逐渐从传统的“内容”和“渠道”转向对“价值”的稀缺性的重新定义和认识。具体来说，生成式人工智能通过分析和理解用户的深层需求，对不可见的价值进行精准的匹配和连接，使生成式平台型媒体能够有效发挥其作为中介的作用，促进用户价值的实现以及其场景化需求的满足。这种对价值的重新定位和运作模式，不仅可重构传媒业的商业逻辑，也可能进一步影响和塑造社会的认知心理结构。

简单来说，生成式人工智能的应用将促使功能各异的“新媒体”平台被重新整合，它能够把原本分散的各种内容需求、基础功能、用户体验以及数字和物质资产等要素更加紧密地连接在一起。生成式平台型媒体不再仅仅是信息和内容的传递者，而是成为连接用户价值与内容服务、数字资源等之间的“价值中介”。这种“一站式”的中介模式意味着未来传媒平台将不仅仅关注内容的生产与传播，还将深度参与到用户价值的匹配与实现过程，甚至在更深层次上影响我们的社会心理和行为模式。换句话说，生成式人工智能的引入可能促成从“以内容为王”到“以价值为核”的行业范式转变，使得“价值匹配与连接”成为生成式平台型媒体的关键任务，并在此基础上推动新的传媒生态的形成。

这种变化预示着未来的传媒平台将更多地依赖于AI技术的赋能，来理解、预测和回应用户的需求，将不同类型的用户群体和他们的价值诉求有机地连接起来。在这个过程中，“价值”的流动性和其与场景的适配性将会成为决定性因素，传媒平台不再仅是信息的通道，而是用户体验与社会认知之间的桥梁。这不仅会对媒体行业的运作模式带来深刻影响，还可能促使社会整体的价值观念、文化认同和心理结构发生潜移默化的变化。

在这个层面上，人工智能赋能的未来媒体形态的到来，或将再一次体现出麦克卢汉所谓“媒介即讯息”命题的意味。

相关案例

AI赋能生成式平台媒体的“价值匹配与连接”崭新可能

我们结合目前AI的具体应用场景，来直观地看一看何为“价值匹配与连接”。

第一个场景是“高考填志愿”。目前对这一应用场景影响较大的因素，除了各个高校录取分数的分布等公开数据之外，就是“网红”了，他们充当了高考志愿填报、考研规划等领域的意见领袖，当然其个人言论也形成了一些互联网舆论事件。但当AI的应用被引入这一领域，却能将一些原本零散的数据库与资源进行高效的整合与连接，例如MBTI人格测试、高考志愿填报与分数线、各高校教学质量数据、工作岗位招聘数据、职业教育资源补充……这些平台或数据库原本所提供的信息，如今通过AI而作为不同“价值”进行整合，从而为考生个人提供更为精准的、个性定制化的建议。当然，目前的技术也仅仅能提供参考意义，具体“流量网红”VS“技术+狠活”到底谁更靠谱，还需要进一步观察。

第二个场景是“虚拟旅游”。每到春节各个热门旅游景区的旅客人数惊人，但另一边苹果公司发布了Vision Pro。从用户的实际使用来看，Vision Pro对现实世界的重新建模几乎能成为新一代XR的解决方案。前些年还有一个有趣的事件，巴黎圣母院历经一场大火亟待修复，却是一家游戏公司——育碧，将其旗下游戏《刺客信条》在制作过程中的现场勘测与建模数据库提供了出来，作为修复的重要参考。

案例出处：赵新江．AI填报高考志愿靠谱吗？[J]．理财，2024，(8)：87－88．人民网．AI创新驱动文旅发展 打造个性化出游新体验[EB/OL]．(2024－10－31)[2024－12－03]．http://art.people.com.cn/n1/2024/1031/c41426－40351261.html.

这些晚近发生的案例，继续让我们看到数智媒体与“AI+”的可能。请设想，如果通用人工智能能够整合智慧城市、数字孪生、虚拟现实、文化遗产保护、文旅、教育行业、游戏引擎、广告营销等各个领域，尤其是AIGC与XR的融合，会带来怎样的新变化呢？

课堂讨论

请从现实生活的具体场景出发，设想一下生成式人工智能如何弥补现有新媒体形态的局限。

然而，如果说在数智时代，媒体的“内容生产”已不是稀缺品，我们作为未来的新媒体从业者又该如何从“价值连接”的角度重新定位自己、直面AI的冲击呢？

课堂讨论

如果新媒体的“内容”已不再稀缺，而主要采用自动的、即时的、高度个性化的生成方式，那么媒体从业者的未来定位应该是怎样的？

三、思考数智媒体的三个问题维度

站在“数智时代”与“数智媒体”快速发展的时间节点上，我们该如何看待这一变化？又该如何思考其中的意义？在今天，学习使用AIGC工具在操作层面上已经相当便利，但作为文化与媒体从业者，我们“人”的定位究竟何在？或许，我们需要首先进行一些“题外思考”：在人工智能的时代，怎样的个体才能真正成为“弄潮儿”？

1980年代，美国“赛博朋克”科幻小说经典《神经漫游者》（*Neuromancer*）就构想了一种可以通过虚拟身体在网络世界中自由穿梭的游侠，这种设想在今天的AI时代似乎得到了某种程度的呼应。威廉·吉布森所描绘的“神经漫游者”，在千禧年前后互联网迅猛发展之际，成了一批“网上冲浪者”，他们不仅是互联网内容的“玩家”，也是最早的互联网创业者。到了今天，“网红”已成为这个时代的“弄潮儿”，平台和流量成为他们的生存条件与“变现”筹码，许多原本在各自行业中默默无闻的“个人”被推到了风口浪尖上，成为“大V”，并在某种意义上成了意见领袖。近年来，伴随着人工智能的应用，另一种新兴职业——“提示工程师”（Prompt Engineer）——受到了广泛关注。他们通过在应用层面上训练人工智能模型，探索和拓展提示词库，如同普罗米修斯一般，为人们带来“火种”。可以说，我们今天的生活似乎与1980年代的科幻想象越来越接近了。

从科幻走向现实，数智时代对当前信息传播、内容创作和社会文化的影响远比我们想象得更加多元且深远，这种变化难以用单一维度的“高概念”进行概括。至少，我们可以从以下几个维度来进行思考：①技术基础与驱动力的维度；②内容或艺术形式的维度；③对社会文化产生影响的维度。这三个维度相互关联，密不可分，是我们在思考从传统媒体到新媒体，再从新媒体到数智媒体演变时不可忽视的重要方向。

（一）文化问题

“文化”的问题是我们思考数智媒体诸特征、现象、趋势的综合性切入视角。而对于数智媒体的文化维度，我们可以借鉴马克思主义理论的基本框架中关于“文化”的深刻思考。马克思主义认为，经济基础决定上层建筑，而“文化”作为上层建筑的一部分，深受经济基础的影响。然而，西方马克思主义学者如雷蒙·威廉斯（Raymond Williams）提出的“文化唯物主义”等理论，扩展了传统的马克思主义文化观，强调文化不仅仅是被动反映经济基础的产物，同时也是一个具有自主性和能动性的领域。在这种视角下，文化不仅是社会经济结构的表现形式，也是一种社会实践的场域，能够在一定程度上反过来影响和改造社会的物质基础。

要从文化的视角深入探讨数智媒体的影响，我们需要“视旧如新”，即用新的眼光和方法论重新审视传统的文化现象和内容生产机制。例如文化研究在经历“文化转向”（Cultural turn）以后，关注的不仅是文化作为符号和意义的生产，还强调文化如何作为权力、意识形态和社会实践的空间。媒介研究中的“媒介环境学派”则指出，媒介不仅是信息的传递工具，更是塑造和改变社会结构和文化价值的力量。再如“媒介考古学”通过揭示过去那些被遗忘或边缘化的媒介技术及其潜在的文化价值，可以让我们更加深刻地认识到，当前的数智媒体不仅是技术层面的创新，也包含对旧媒介及其文化形式的某种“回归”或“复兴”。

此外，从文化的视角出发，我们可以将对媒介与媒体的讨论具体落实到对“人”的关注。这种关注不仅仅是对作为媒介和媒体消费者的“人”的考虑，更是对在整个信息生态系统中作为创作者、传播者和接受者的“人”的全面理解。文化研究的核心关切之一在于探讨“人”在特定的历史、社会和技术背景下如何开展文化实践，如何形成认同，如何通过媒介表达自我，以及如何通过媒介与社会产生互动。因此，在数智媒体的讨论中，我们需要重新聚焦于“人”，将其置于文化、技术和社会交织的场域中进行分析。

（二）技术问题

技术是创新和变革的驱动力，是数智媒体发展的基础。但在讨论数智媒体的“技术维度”时，我们需要首先认识到一个基本前提：技术不是中性的。技术的非中性特质意味着在技术的开发、应用和扩散过程中，总是蕴含特定的权力结构、价值观和意识形态。它们在塑造社会关系、文化表达以及政治经济格局方面具有深刻的影响。然而，这并不意味着我们应该落入“技术决定论”的陷阱。技术决定论倾向于认为技术本身会自动决定社会的发展方向和结果，但这种观点忽视了人类社会的复杂性和能动性。

正如科幻作家威廉·吉布森所说，“未来已经发生，只是尚未平均分布”（The future is already here—it's just not very evenly distributed）。这句话不仅揭示了技术发展中的不平衡现象，也暗示了技术与社会之间相互作用的动态过程。在数智媒体的技术维度中，技术的进步与应用不是线性的，也不是自动发生的，而是受到多种因素的共同影响。

首先，数智媒体的技术维度需要从其非中性特质入手，深入剖析新兴技术对于媒体的生产和传播模式的重塑作用。其次，我们应当看到技术与社会实践之间的相互构成，数智媒体的技术创新不单纯是因为它们在技术层面上的“可能性”，而是因为它们能够在某种程度上满足特定社会、经济和政治的需求。最后，技术的扩散速度和影响力往往与社会经济条件、教育水平、基础设施建设、文化认同等密切相关，而在数智媒体时代，不同地区和群体对技术的接纳和使用能力存在显著差异，这种不平衡的技术分布及其对文化传播的公平性和多样性的影响值得关注。

（三）艺术问题

20世纪30年代，瓦尔特·本雅明（Walter Benjamin）曾在《机械复制时代的艺术作品》中指出，技术复制的出现打破了艺术作品的“灵韵”（Aura），艺术作品不再仅仅是独一无二的存在，而是可以被大规模复制和传播的对象。这一变革使得艺术创作从传统的手工艺转向了新的媒介形式，如摄影、电影等。这种转变不仅改变了艺术的媒介，也深刻影响了艺术的观念，使得艺术从“独一无二”的手工创作逐渐向“批量复制”的方向发展。

在如今的人工智能时代，艺术创作再次经历了一次重大转型。这次转型的特点在于，技术不再仅仅是复制和传播的工具，而成为创作过程中的“合作者”甚至“主体”。AI能够根据大量的数据进行自我学习和创作，生成的作品形式多样，包括图像、音乐、文学等。这种变化使得我们不得不重新思考艺术的本质以及“人”的艺术创作观念。在

AI时代，艺术作品的生成不仅依赖于文化的诉求，也受到技术发展的深刻影响。然而，这并不意味着“人”的主体性和创造性在这一过程中消失了，相反，它们被重新定义和强化。

正如艺术史学家贡布里希（Gombrich）曾说：“没有‘艺术’这件事，有的只有艺术家罢了。”这句话强调了艺术创作的主体性，提示我们艺术不是一个抽象的存在，而是具体的创作者——艺术家——在特定历史文化和技术语境中的实践。将贡布里希的观点应用到当下的数智媒体时代，我们可以看到，虽然AI技术可以创造出看似“艺术”的作品，但真正赋予这些作品意义的依然是人类的观念、情感和文化背景。在AIGC的条件下，“艺术”依然依赖于“人”的参与和解读，依然需要“人”的自觉性和主观能动性。

因此，数智媒体时代的艺术问题，可以被理解为文化与技术之间不断互动和再定义的过程。在这个过程中，艺术不再是某种固定不变的实体，而是一种动态的、开放的表达形式。艺术作品、应用和案例不仅体现了技术如何被用来重新想象和创造文化内容，也体现了“人”如何通过技术表达自己对世界的理解和回应。这种文化的诉求和技术的结合，使得我们在数智时代可以看到艺术创作的多样化和复杂化。

数智媒体的“艺术问题”不仅在于技术的可能性和创新性，更在于如何在技术基础上体现出“人”的艺术创作观念。这种观念是一种基于文化的诉求，是对世界和自我的深刻反思和表达。在AI和数智媒体的语境下，艺术依然是关于“人”的故事，关于“人”如何在不断变化的技术环境中，寻找表达自我和理解他人的新方式。这种对技术与文化结合的探索，将不断推动艺术的边界和可能性，形成更加丰富和多元的文化景观。

本讲小结

1. 我们暂且可以对“新媒体”下一个操作性的定义：“新媒体是指由技术的发展变革所催生的，具有特定的传播方式及与之相匹配的内容形态的新型媒体。”这一概念中包含技术驱动、传播形式与内容形态这三方面因素。

2. 应意识到“新媒体”这一概念的局限性。

3. 在生成式人工智能发展的影响下，原有的新媒体平台也将面临一次功能、生态与价值的重构。

4. 思考从新媒体到数智媒体的发展过程与趋势，将涉及“文化、技术与艺术”这三个问题维度，需要进行综合性的考察。

参考文献

中国新闻网．新中国第一台计算机：从无到有跻身世界前列［EB/OL］．（2019－09－06）［2024－09－10］．https://www.chinanews.com.cn/cj/2019/09－06/8949205.

shtml.
洪孟春，彭培成，刘先根．人工智能技术在媒体融合中的应用场景与创新范式［J］．中国记者，2023（11）：125－128.
喻国明，李钒．生成式AI浪潮下平台型媒体的规则重构、价值逻辑与生态剧变［J］．苏州大学学报（哲学社会科学版），2024，45（1）：167－175.
洪宜．智媒时代网络与新媒体专业知识体系与人才培养重构［J］．传媒，2024（14）：18－20.
匡文波，姜泽玮．智能媒体新质生产力：理论内涵、运作逻辑与实现路径［J］．中国编辑，2024（7）：29－35.
申哲，殷乐．收编与重塑：数智时代微短剧的发展、治理及价值再造［J］．传媒，2024（16）：19－21.
喻国明．试析数智时代传播领域的三个关键性改变［J/OL］．学术探索，2004（9）：60－66．［2024－09－26］．http://kns.cnki.net/kcms/detail/53.1148.C.20240809.1646.002.html.
郭全中．技术迭代与深度媒介化：数智媒体生态的演进、实践与未来［J］．编辑之友，2024（2）：60－67＋94.
发展改革委网站．四部门关于印发《“互联网＋”人工智能三年行动实施方案》的通知［EB/OL］．（2016－05－23）［2024－09－09］．https://www.gov.cn/xinwen/2016－05/23/content_5075944.htm.
国务院．国务院关于印发新一代人工智能发展规划的通知［EB/OL］．（2017－07－08）［2024－09－09］．https://www.gov.cn/zhengce/content/2017－07/20/content_5211996.htm.
科技部网站．科技部等六部门关于印发《关于加快场景创新以人工智能高水平应用促进经济高质量发展的指导意见》的通知［EB/OL］．（2022－07－29）［2024－09－09］．https://www.gov.cn/zhengce/zhengceku/2022－08/12/content_5705154.htm.
国家互联网信息办公室网站．生成式人工智能服务管理暂行办法［EB/OL］．（2023－07－10）［2024－09－09］．https://www.gov.cn/zhengce/zhengceku/202307/content_6891752.htm.
［德］瓦尔特·本雅明．机械复制时代的艺术作品［M］．王才勇，译．北京：中国城市出版社，2002.
［英］贡布里希．艺术的故事［M］．范景中，译．南宁：广西美术出版社，2008.

第二讲　数智媒体的代际划分

在上一讲中，我们对“新媒体”进行了定义，但新媒体的“新”并非绝对，而是一种相对和持续变化的概念。毕竟，在不断发展进步的技术浪潮中，总会有“更新”的事物涌现。那么，一个引人深思的问题是：当这种一度被视为“新”的媒体形态也逐渐变得“旧”了，甚至与当下的我们产生了明显的“代沟”，那将会是怎样的一种场景呢？

相关案例

“蒸汽波”（Vaporwave）与“旧”的新媒体文化

蒸汽波（Vaporwave）是一种音乐和视觉艺术风格，起源于2010年初期，在视觉和听觉上融合了20世纪八九十年代的流行文化元素。蒸汽波以其独特的复古未来主义风格、低保真（Lo—Fi）音质，以及混合多种旧媒介元素的特性，创造出一种既怀旧又前卫的艺术形式。

蒸汽波的一种代表性视觉风格，是将“旧”的“新媒体”作为关键性的视觉符号。它在视觉上采用了大量20世纪八九十年代的元素，这些元素在互联网文化的传播下得到了广泛的认知和接受。例如，在蒸汽波设计中常见的复古电脑图标、早期操作系统的界面风格，都是互联网文化中对于“旧时代”科技风格的怀念与再现。归纳来说，故障艺术（Glitch art）是蒸汽波视觉风格中的重要组成部分，它模仿了旧媒介手段中的故障效果，如电视机的雪花点、信号干扰、VHS录影带的画质等，创造出一种扭曲、失真的视觉效果。

在创作观念上，蒸汽波艺术家利用数字技术对各种旧媒介元素进行采样、拼贴和再创造，形成了独特的视觉效果。蒸汽波的视觉风格常常带有一种迷幻、梦幻的感觉，这与千禧年互联网文化中追求新奇、独特、富有想象力的特点相吻合。蒸汽波通过这种迷幻的视觉风格，传达出一种对未来世界的无限遐想。这种数字技术的运用正是千禧年互联网文化的典型特征之一，它使得蒸汽波能够在全球范围内迅速传播并被广泛接受。

“蒸汽波”这一亚文化在视觉风格上与千禧年的互联网文化和旧的媒介手段有着密

切的关系，体现了对旧媒介手段的怀念和反思，表达了对过去科技文化的敬意和怀念之情，以及对现代科技社会进行反思和批判。

案例出处：张谦．蒸汽波艺术的主要特点与传播特征［J］．大众文艺，2017（15）：74.

蒸汽波影像作品巧妙地挖掘了那些曾经的“新媒体”、现今的“旧媒体”（如软盘、千禧年前后的台式机等），将其作为怀念过去的时代符号。在美学层面，近年来国内出现的蒸汽波影像创作混合了晚近兴起的“核”（Core）艺术风格，这种风格通过图像或影像在精神分析层面触发人们的怀旧、失落与恐惧情感等，特别是关于童年的回忆。而其中的中式“梦核”（Dreamcore）元素，无疑深深触动了我们中国观众的时代记忆——而这些记忆往往与“80后”“90后”甚至“00后”在童年时期的媒介使用习惯紧密相连。

从我们媒介研究的专业角度审视，这足以引发一系列思考：那些曾风靡一时的“新媒体”现今何在？它们是否已经悄然退出历史舞台，还是仍在文化层面持续对我们产生影响？

为了解答这些问题，我们需要带着别样的视角深入探究所谓“‘新’媒体”的历史。

本讲内容将从三个维度展开探讨：首先，借助“媒介考古学”的前沿理论，拓宽我们对“旧”新媒体的认识；其次，通过剖析从Web1.0到Web3.0（及Web3）的互联网技术演变，来区分昔日“新”媒体的代际；最后，当我们详细探讨各类新媒体的发展历程时，能够站在一个兼具时代性与批判性的高度。

一、如何思考“旧的新媒体”

如今，我们每天都会沉浸在以“微信朋友圈”为代表的社交媒体中，花费大量的时间浏览、交流，它已经成为我们生活中不可或缺的一部分。想象一下，未来的某一天，你的孙子或孙女好奇地问：“爷爷（奶奶），朋友圈是什么啊?”你兴致勃勃地打开那尘封已久的朋友圈，却只见屏幕上冷冷地显示着“404 not found无法访问该页面”。那一刻，你或许会愕然。当“朋友圈”这个词汇在未来变得陌生，成为一件“老古董”，现在的你，又会有怎样的感触呢?

（一）媒介考古学的思想与方法

当我们审视昔日的媒介，尤其是那些同样植根于数字技术，但如今已被边缘化甚至几近消逝的“新媒体”时，我们的心境或许大抵如此。

近年来的媒介文化研究与电影研究已经意识到这一点：在新技术、新媒介、新形态层出不穷的当下，我们应如何把握它们？尤其是如何把握这些“新”元素对人类社会与文化所产生的深远影响？

为了直面这一挑战，一个新兴的研究领域应运而生——媒介考古学（Media Archeology）。

何为“考古学”？考古学的基本定义是“考究古代人类活动的学科”，但在具体的考古发掘实践中，还有许多有趣的事项。一般而言，考古学的工作包括对分属于不同历史时期的地层进行划分、判定与挖掘，进而将这些出土的文物分门别类地放入博物馆的橱窗中，按照历史的顺序进行排列。

然而，这只是我们所熟知的“线性历史”的呈现方式。考古学家往往会在同一地层中发现那些难以归类、无法简化的人类活动痕迹。尤其是对于先秦时期的考古发掘，往往会出现各种政权与文化混杂的情况。反之，一些在“历史”或传说中的历史分期，由于至今没有足够的考古发掘实物证据来支撑，因此只能被归入“神话”的范畴。

因此，通过实物证据来重返和还原历史现场，考古学（基于实物发掘）似乎总能在历史学（基于文献记载）的缝隙中发现新的元素，包括新的证据、事实、假说、质疑、关系、异同、主线与支流等。二者的发展是一个相辅相成的过程。正如西拉姆在《神祇·陵墓·学者》（1949 年）中所言：考古学家的使命是让干涸的清泉再次喷涌，让被遗忘的事情重现眼前，让已故去的人死而复生，让历史的长河汩汩流淌。

那么“媒介考古学”便具备了上述“考古学”的几个核心特征。它当然不是从地底下挖出“媒介”，而是运用考古学（而非传统历史学）的思路与视角，在历史材料中“挖掘”那些被忽视的内容。它质疑媒介发展史中的线性历史叙述，旨在还原某一媒介出现之初的历史“现场”的复杂性。简言之，媒介考古学是一种“视旧如新”的媒介研究方法论，它期望通过重返“旧技术的年轻时代”来反思当下媒介与技术的未来。因此，它所提出的一些核心问题包括：

我们能否从数十年甚至上百年前的“新兴”媒介对当时社会的影响入手，反观并思考 21 世纪新媒体的发展方式、意义与趋势？

从文化和社会心理的角度来看，那些在迭代过程中被淡出与淘汰的媒介形态对今后的发展是否仍具有意义？

理论参考

媒介考古学

媒介考古学起源于德国，其基调由媒介理论家弗里德里希·基特勒奠定。2011 年，埃尔基·胡塔莫（Erkki Huhtamo）与帕里卡共同编纂了《媒介考古学》，标志着该领域首部论文集的诞生。次年，帕里卡又出版了另一部重要著作《什么是媒介考古学》（*What is Media Archaeology*）。这两部导论性文本以开放且宽泛的方式，将众多学者的研究汇集于“媒介考古学”的旗帜之下，展现了该领域丰富多样的研究风貌。

值得注意的是，在“媒介考古学”这一术语出现之前，相关的研究实践已然存在。20 世纪 60 年代，西拉姆的《电影考古学》与福柯的《知识考古学》均可视为媒介考古学的前身，它们的理论延伸为齐林斯基对媒介考古的深入探索提供了重要启示。福柯所提出的“知识考古学”（Archaeology of knowledge），是一种深入探究知识历史、起源与结构的研究方法。该方法旨在通过细致考察知识的历史、社会及文化背景，揭示知识在人类社会发展进程中所扮演的角色及其产生的深远影响。媒介考古学在某种程度上明显受到了福柯知识考古学的影响，这种影响主要体现在以下几个方面：首先，两者都广泛采用了历史研究、比较研究以及跨学科研究等多重研究方法；其次，无论是媒介考古学还是知识考古学，它们都共同关注着知识或媒介的历史、社会及文化背景，以及这些因素在人类社会发展中所起到的作用和产生的深远影响。

媒介考古学不仅是一项纯粹的学术研究，还为媒介艺术家提供了一个独特的视角，使他们能够利用过去的媒介主题、想法和灵感来探索“新媒介”中的新颖元素。作为一种调查新媒介文化的方法，媒介考古学通过深入洞察过去的媒介，强调对以往被遗忘、被忽视或不明显的装置、实践和发明的重新发现与研究。然而，媒介考古学的兴趣并不仅限于过去的媒介，它在理论上同样具有深刻的洞察力，对最近的文化理论讨论持开放态度，既借鉴历史方法论，也汲取电影研究和媒体艺术等相关领域的理论滋养。

《什么是媒介考古学》一书提出，媒介考古学应被视为一套理论、方法和途径，旨在理解和记忆文化的媒介化以及新旧媒介之间的动态关系。该书提供了对新媒介和旧媒介的平行考察，并延伸至对各种媒介——有时是矛盾的和竞争的——的考古调查。特别地，它强调了作为数字媒介文化的理论和方法的媒介考古学的重要性，并提供了如何从考古学的角度思考当代媒介的方法，绘制出理论、方法和思想的地图。媒介考古学既可以作为一种艺术方法，将研究对象从文本研究转移到物质文化研究；也可以作为数字文化的跨学科研究方法，对数字化的日常文化进行深入的思考和研究。

归纳而言，媒介考古学的研究视角创新方面体现出以下特征：

(1) 恢复物质性，即借助文字或图像档案，将媒介还原为可触、可感的媒介物。媒介考古学重视媒介技术的物质层面，通过搜索文本、视觉和听觉档案以及文物收藏来强调文化在话语和物质层面的证据。

(2) 寻访异质性，即寻找那些失落已久、转瞬即逝、止于想象的另类媒介，也包括那些在技术或时代的新旧之交人们对媒介的另类实践。

(3) 捕捉复现性，即捕捉那些再次出现的媒介元素，以及人们对不同媒介的似曾相识的感受。媒介考古学将“旧媒介”视作随时都可能复活的幽灵，会不断地做出调试并融入另一种媒介。不断复现的不仅仅是媒介，还包括历史上人们对媒介的感觉。

媒介考古学与当前数字时代的电影研究（Film studies）的理论危机之间存在着紧密的联系，同时这种关系也与更广泛的媒介研究息息相关。实际上，媒介考古学为我们提供了一种全新的视角，用以审视那些曾被视为“旧的新媒体”的对象。

首先，在思考某一媒介的发展史时，媒介考古学提醒我们不必仅仅局限于它被发明“之后”的事件，而应追溯至它被“发明”之前的各种技术手段与可能性。这种视角的转换为我们揭示了媒介发展的多元路径和潜在转折点。

其次，媒介考古学也促使我们摒弃了某一媒介当前最新形态即为“必然”结果的观念。相反，我们认识到在其历史发展过程中，可能存在多种替代性的形态和路径，这些都被值得深入探索和比较。

最后，尽管新技术的未来往往难以预测，但媒介考古学提供了一种“长时段”的历史性考察方法。它鼓励我们从物质性的层面出发，反思媒介如何影响社会文化，并为我们提供了一种理解媒介变迁的深层次框架。

由此，媒介考古学为我们打开了无数的“脑洞”，激发了我们对于昔日媒介和媒体的深入思考。例如，我们可以探讨1894年各种形态各异的“电影”在当时是否被视为一种“新媒体”，以及这种身份如何影响了它们的传播和接受。我们还可以研究19—20世纪中文打字机的发明历程，以及这一历程如何影响了汉字的国际传播和文化交流。同样，19世纪电灯发明后的舞台剧声光效果运用，也为我们提供了关于现代VR内容创作的宝贵启示……

总之，媒介考古学不仅是一种研究方法，更是一种思维方式，它鼓励我们跨越时间的界限，以全新的视角审视和理解媒介的过去、现在和未来。

接下来，我们就用媒介考古学的思路来展开一些头脑风暴。

（二）媒介考古学的头脑风暴：晚清的新兴媒介与现代化图景

第一个“脑洞”是：清朝人眼中的“新兴媒介”是什么样的？

在今天，虽然新的电子产品层出不穷，日新月异，但一部新手机的推出、一个新App的上线肯定不会引起我们的“惊骇”。

但对于一百多年前晚清时期的中国人来说，新兴事物的出现频率大概不会低于今天。尤其是晚清“洋务运动”以后，“开眼看世界”的人们将西方的现代化事物或者信息带回中国，尤其当这些事物（如火车、钢铁厂）果真出现在尚且留着辫子的人们面前，其惊骇程度堪比科幻电影里的地球人见到外星飞船的情景。

晚晴的一份重要的出版物《点石斋画报》是我们研究那个处于新旧交替时代的人们日常生活图景的重要视觉参考。如图所示是其中的三幅有趣的画面，所展现的大多是当时人们从有所耳闻、却未亲眼所见的西方新兴技术和器物，甚至这些“想象”的图景在西方人自己眼里看来，都有如科幻：螺旋桨推动的陆上载具、热气球负载的攻城武器、颇具达·芬奇风格的“天上行舟”，还有没有电梯的“纽约第一高楼”。这些图画，与晚清时期人们日常生活真实情景印刷于一册，模糊了幻想与真实的边界。

《点石斋画报》

《点石斋画报》是晚清时期一份具有重要历史地位的出版物，创刊于光绪十年（1884年）5月8日，停刊于光绪二十四年（1898年），是一份旬刊，由上海《申报》馆（由英商美查创办）主办，主编吴友如。每期画报包含八幅画页，装订成册，每十日出版一本，并随《申报》附送给订户。该画报采用了当时先进的石印技术进行印刷，内容涵盖了奇人奇闻、灵异志怪、家庭伦理、官场现形、民俗信仰、民情风土、节日庆典、生活娱乐、宗教现象、域外风物、国际要闻、军事战争、民主科技、人物介绍、动物植物、自然现象等多个方面。

《点石斋画报》不仅具有传播新知、开启民智的历史意义，还通过图文并茂的方式娱乐民生，担负起了开启民智的责任。它通过介绍西方的政治、经济、文化等方面的知识，使普通民众能够更广泛地了解世界。此外，画报的绘画技法独特，具有较高的艺术价值，同时反映了晚清时期的社会风貌和人们的审美情趣，对于研究晚清社会风貌具有重要意义。

相关案例

《点石斋画报》中的晚清“新兴媒介”图景

气球破敌

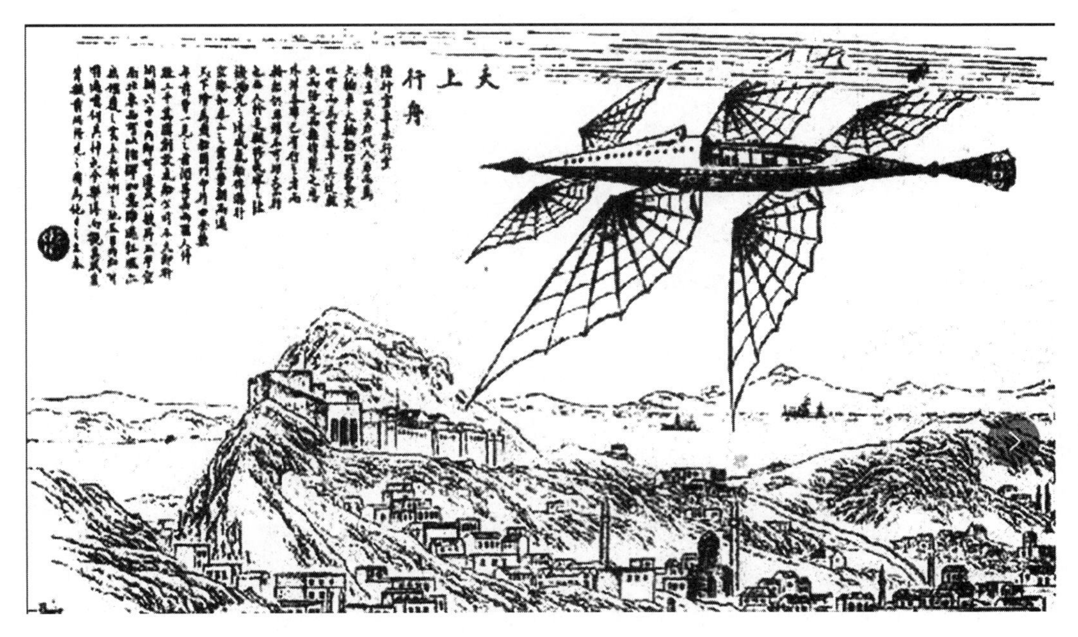

天上行舟

飞车

案例出处：吴岩. 贾宝玉坐潜水艇：中国早期科幻研究精选［M］. 福州：福建少年儿童出版社，2006.

但是这些现代化图景的想象也反映出，当晚清时人在遭遇西方现代化震撼时，如何基于当时的技术水平展开中国未来的现代化想象的。

《点石斋画报》的图画所描绘的是什么内容？
它们是当时现实中的事物吗？
如果不是，它们为什么被描绘成这样？

其实，站在我们今天的时代节点上，它又给我们提供了怎样的思考呢？

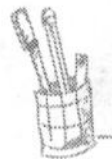
课堂讨论

如果你来到1870年代的晚清“洋务运动”时期，你脑子里还记得21世纪的新兴媒介和新媒体的各种类型与形态。
基于当时的技术水平，你最想向当时人们推广哪一种？
你的推广会对当时社会产生怎样的影响？

（三）媒介考古学的头脑风暴：“Y2K”与互联网文化

第二个脑洞是：那些千禧年的旧“新媒体”真的退出历史舞台了吗？

2000年，这个曾被赋予跨世纪意义的“千禧年”，伴随着一个独特的代际概念——“千禧一代”（Millennials）。这一术语指代的是那些在20世纪降生，并在迈入21世纪的门槛（即2000年）之后步入成年行列的一代人。他们的成长轨迹与互联网及计算机科学的蓬勃兴起和发展紧密相连，几乎同步进行。值得一提的是，这一代人中的佼佼者如今已在全球及国内互联网界崭露头角，成为行业巨擘，例如脸书（Facebook）的创始人马克·扎克伯格便是其中的杰出代表。

然而，回溯至20世纪末，“千禧年”“跨世纪”“千年虫”等充满时代特色的词汇，连同那个时代的互联网和新媒体，如今似乎都已被岁月赋予了怀旧的文化底蕴，以一种温情的怀旧视角，带领我们回望那个互联网与千禧年交织的时代。

在这种对旧世代互联网文化的深情回望中，一种名为“Y2K”（即“Year 2000”）的亚文化风潮悄然兴起，成为当下文化景观中的一部分。

“Y2K”与“千禧年”互联网文化怀旧

“Y2K”，全称为Year 2000，意指2000年，亦可俗称为千禧风。它不仅仅是一个时间节点，更是一种深入人心的文化现象。在探讨“Y2K”文化时，我们首先需明确其起源——“Year 2 Kilo Problem”，即早期电脑计算程序中的“千年虫问题”。这一技术漏洞引发了“科技恐慌”，进而催生了充满幻想与未来乐观主义的“Y2K”文化。从萌芽到复兴，其表征不断演变。

作为一种艺术风格，Y2K风格在时尚、音乐和电影等多个文化领域中都有着显著的体现和广泛的影响。在时尚领域，Y2K风格的服装成为独特的文化标志。设计师们大量运用皮革、PVC、金属和反光材质，创造出令人瞩目的服饰。例如，亮面材质的A字裙、色彩缤纷的Crop Top，以及采用霓虹配色的各种服饰，都是Y2K风格的典型代表。这些服装不仅具有时尚感，更蕴含着对未来世界的憧憬和想象。

而作为一种青年亚文化现象，其复兴主要得益于“圈层文化的推动”与“新媒介技术的赋权”，这两股力量共同塑造了“Y2K”文化的独特风貌。值得一提的是，Y2K与21世纪初的互联网文化之间存在着紧密的联系，推动了面向“千禧年互联网文化怀旧”的新的圈层文化的形成。随着互联网的普及和发展，“千禧年”前后的人们对未来充满了无限的憧憬和期待。而Y2K风格正是站在2010年代、2020年代的时间节点上，对过去这种憧憬和期待进行“怀旧”，因此它大量运用科技元素，如数据界面、技术字体等，与昔日互联网文化中的科技感相呼应。这种呼应不仅体现在视觉上，更体现在人们对未来世界的共同想象和追求上。例如，鲜艳的色彩、立体的造型等视觉元素，不仅被广泛运用在网页设计、广告创意或其他产品的设计当中，更体现在服饰、物品、用品等产品中，被作为一种复古的艺术风格。

案例出处：杨玲．重返千禧年：怀旧视角下的Y2K媒介记忆研究［D］．杭州：浙江大学，2021．

Y2K作为一种整体性的社会文化现象，与2000年代的互联网文化有着千丝万缕的紧密联系。它虽是一种复古而怀旧的文化表达，却敏锐地直指互联网记忆那“短暂”的核心问题。Y2K试图揭开一层神秘面纱，揭示出那些如同走马灯般不断变换的新媒体硬件、软件，以及互联网的各种其他应用，是如何在社会文化的长河中留下深刻而持久的印记的。

课堂讨论

请举例某种或某类在今天几近消失的新媒体。

它们为什么退出历史舞台，又在哪些领域持续产生着影响？

如今在我们的文化生活中，是否还留存有这些媒介的影响痕迹？

在此，让我们再次回望上一讲中麦克卢汉那振聋发聩的命题——“媒介即讯息”，其精髓在于：过程（介质）与内容（讯息）同等重要；过程恰是指沟通与交流的方式方法；技术与媒介，从来都不是中立的旁观者。

实际上，无论是Y2K的文化实践，还是媒介考古学的深邃探索，它们都在齐声共鸣，强调着麦克卢汉的这一核心观点。但二者又都偏爱于在那些“支流”“断流”或“潜流”中，挖掘“媒介即讯息”对我们产生的深远影响与独特意义。

总而言之，当我们融合媒介考古学的独特视角、Y2K文化的启示（这一同样蕴含媒介考古学精神的文化实践方式），以及“媒介即讯息”的深刻观念，我们的讨论便自然而然地聚焦于“文化”这一宏大主题，即新媒体如何塑造并影响着（过去与现在的）社会大众文化。

秉持这样的方法与视角，当我们踏入“新媒体的代际”的历史长河进行考察时，我们所重点思考的，已不仅仅是不同时代互联网信息技术的更迭、新媒体具体应用的演变，更是要深入探究它对我们个人文化实践乃至整个社会文化观念的巨大影响。我们不禁要问：从新媒体与社会文化的交织角度来看，究竟何为“新”，又何为“旧”？在“旧”的新媒体中，我们又能汲取到哪些宝贵的经验与智慧呢？

二、新媒体的代际划分：Web1.0、Web2.0与Web3.0

回顾新媒体的历史，我们不可避免地会遇到一个核心而复杂的议题——“代际”。这一议题不仅是对新媒体历史发展脉络的深刻回顾，更是对媒体技术迭代与社会变迁之间互动关系的深度剖析。新媒体的“代际”更迭源于互联网技术的每一次革新，它如同一场时代的浪潮，重塑着信息传播的方式，影响着人们的思维习惯与生活方式，进而引发了关于“代际”问题的广泛讨论。

然而，正如人类社会中的代际差异一样，新媒体的代际问题同样充满了“代沟”。这些“代沟”不仅仅是技术层面的差距，更多的是价值观、认知模式以及行为方式的差异。每一代新媒体用户，都在其特定的技术环境和文化背景下成长，形成了独特的媒体使用习惯和偏好。这种代际间的差异，不仅体现在不同年龄层之间，也体现在不同地域、不同文化背景的用户群体之中，构成了新媒体领域中一道独特的风景线。

然而，“代际”并不意味着线性的、进步的、发展的观念，简单来说，“新一代”并不意味着就比“老一代”更“好”。

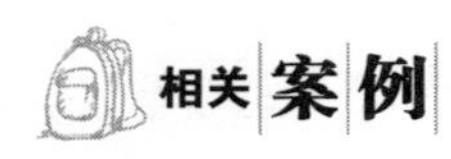

“旧网”与互联网记忆

随着互联网的快速发展，许多曾经风靡一时的网站逐渐消失在人们的视线之外，然而它们在网友的记忆中却留下了深刻的烙印，成为一种被称为“旧网”的消逝网站。有学者通过大量对“旧网”及互联网记忆的内容分析研究，深入探讨那些消逝在网友记忆中的网站展现出其背后独特的社会、文化和技术意义。消逝网站的记忆在媒介研究和互联网历史研究中尚属未充分开掘的领域，这一视角为互联网社会史的研究提供了新的方向。

首先，这些消逝的网站在网友的记忆中并不仅仅是媒体或技术平台，而是被赋予了丰富的生命特征。网友们通过拟人化的称谓和情感化的描述，让这些网站仿佛成为具有生命力的存在。他们为这些消逝的网站立传，详细记录其从诞生到消亡的生命轨迹，这种记忆叙事方式具有明显的媒介传记特征。

其次，网友们在回忆中不仅关注网站的命运，更将自己的网络生活、友谊和青春岁月与这些网站紧密相连。他们在自传式回忆中，详细描绘了自己与网站共同成长的历程，展现出网站在他们日常生活中不可或缺的地位。这些回忆不仅充满了快乐与激情，更见证了网友们与互联网时代的紧密联系。

最后，网友们将消逝的网站视为一个时代的标志，通过对这些网站的追忆，他们表达了对中国互联网“黄金时代”的深深怀念。在回忆中，网友们不仅对过去的互联网时代进行了反思，更对当下互联网的发展提出了批判与期待。他们认为，早期的互联网更加开放和人性化，这也体现了网友们对互联网发展的独特见解和期待。

从媒介记忆的角度来看，对消逝的“旧网”的研究和媒介记忆研究的内容，为从网友视角书写互联网历史提供了新的方法。而通过对消逝网站的记忆叙事分析，不仅能补充和修正现有的互联网历史，更呈现出一个多维度的历史叙事框架，对于全面理解互联网的发展历程具有重要意义。

学者认为，中国网民对互联网的技术想象并非乌托邦空想，而是建立在个体实践经验之上，具有批判现实和展望未来的乌托邦现实主义特征。网友们对消逝网站的记忆不仅是对过去的怀念，更是对现实的一种批判和反思。这种批判和反思精神对于推动互联网的持续发展和创新具有积极的推动作用。

案例出处：吴世文，杨国斌．追忆消逝的网站：互联网记忆、媒介传记与网站历史［J］．国际新闻界，2018，40（4）：6—31.

拓展阅读

吴世文，杨国斌．追忆消逝的网站：互联网记忆、媒介传记与网站历史［J］．国际新闻界，2018，40（4）：6—31.

对“互联网记忆”的关注为我们提供了一种媒介考古学式的“视旧如新”的视角。也就是说，我们或许不应将旧的互联网代际、传播模式、应用方式纳入“落后”或“原始”的范畴，而是回到技术应用的历史现场。也许只有这样，我们才能将当前的数智媒体也视为一个阶段性的，却终将留下时代印记的技术手段与文化现象。

自 1969 年的“初代”互联网——广域分组交换网络的发展至今，互联网已经走过了半个多世纪的历程。我们在理解这一历程时，其实能从两个维度入手：一个是技术对传播模式的改变，另一个是传播模式对社会文化的影响。

（一）互联网的诞生及其雏形

1969 年，互联网的前身 ARPANET（阿帕网，全称 Advanced Research Projects Agency Network）在美国诞生，标志着计算机网络技术的重大突破和第一代互联网的开端。ARPANET 最初由美国国防部高级研究计划局（ARPA）资助建立，目的是实现不同计算机之间的远程登录、文件传输和电子邮件等功能，以支持军事和科研活动。该网络的设计初衷是通过分散的节点布局来增强通信的冗余性和安全性，这一创新理念为现代互联网的诞生奠定了坚实基础。

图 2－1 生动地展示了 ARPANET 的早期形态。图中，美国旧金山、犹他州、密歇根州和洛杉矶等关键城市节点通过错综复杂的线路相互连接，构成了 ARPANET 的初步框架。这些节点代表了网络中的时间共享计算机站点，允许多个用户同时访问和利用计算资源，从而大大提高了计算资源的利用效率。

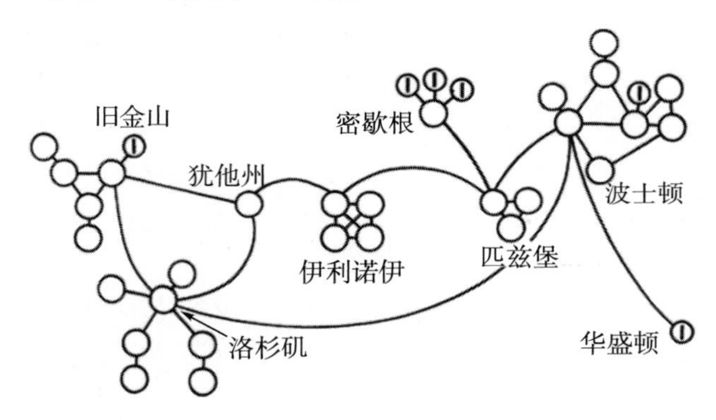

图 2－1　ARPANET **结构示意图**

在发展历程上，ARPANET 经历了从最初的 4 个节点（加州大学洛杉矶分校、斯坦福大学、加州大学圣巴巴拉分校和犹他大学）的互联，到逐渐扩展到更多学术机构和研究中心的过程。随着项目的不断推进，更多城市如伊利诺伊州、匹兹堡、波士顿和华盛顿特区也被纳入网络，进一步扩大了 ARPANET 的覆盖范围。这一过程中，网络协议和技术不断发展和完善，为后来的互联网奠定了坚实基础。这些新增节点的加入不仅增强了网络的连通性，也预示着互联网未来具有无限扩展的可能性。

这种把各个圆圈（即分散在不同大学、研究机构的计算机）相互连接起来的模型，构成了互联网最初的形态，它的功能仅仅是在这些数量相当有限的“小圈子”之间传递信息，比如简短的指令。要知道，1960 年代的一台计算机需要一整间屋子才能容得下，并且输入输出基本靠打孔的卡纸。

正是 ARPANET 通过不断的技术创新和节点扩展逐步演变成我们今天所熟知的互联网。它不仅彻底改变了人们的通信方式，还对全球的经济、文化和社会生活产生了深远影响，成为现代社会不可或缺的基础设施之一。归纳来说，以 ARPANET 为代表的“初代”互联网的主要特点包括以下几个方面。

1. 小规模互联

最初的 ARPANET 仅连接了少数几台计算机，形成了一个相对较小的网络，主要用于军事和科研机构的内部通信和数据传输。虽然规模有限，但这种小规模的互联为后来的大规模互联网扩展提供了宝贵的实验和测试环境。

2. 基于分组交换技术

ARPANET 采用了分组交换技术，将信息分割成小块（数据包），并通过不同的路径传输到目的地。这种技术使得网络在传输数据时更加灵活和可靠，即使部分网络节点出现故障，数据仍然可以通过其他路径到达目的地，大大提高了网络的可靠性和效率，为后来的互联网数据传输奠定了基础。

3. 简单的应用服务

早期的互联网主要提供远程登录、文件传输和电子邮件等基本服务。这些服务满足了军事和科研机构之间的基本通信需求，如远程访问共享资源、传输研究数据和发送电子邮件等。这些基本服务构成了互联网应用的雏形，为后来的互联网应用和服务的发展提供了基础。

4. 军事和科研导向

由于 ARPANET 最初是由美国国防部资助建立的，因此其应用和发展主要服务于军事和科研需求，主要用于军事通信、情报传输和科研数据共享等。这种导向使得 ARPANET 在技术和应用上得到了快速发展和创新，为后来的互联网普及和应用提供了强大的推动力。

5. 网络协议的初步形成

在 ARPANET 的发展过程中，网络协议开始逐渐形成。这些协议规定了计算机之间通信的标准和规则，确保了不同计算机和网络设备之间能够相互通信和交换数据，为后来的互联网标准化奠定了基础，使得互联网能够成为一个全球性的、互联互通的网络。

（二）Web1.0 时代

如果说 ARPANET 在 1960 年代就已经奠定了互联网的雏形，可以被通俗地理解为互联网的 Alpha 或 Beta 版本，那么直到 1990 年代以后，我们才真正迎来了互联网的 1.0 版本时代，也即“Web1.0”时代。

实际上，“Web1.0”这个概念并非一开始就存在，而是在互联网技术迈入“Web2.0”时代后，被人们追溯性地提出并确定下来的。虽然在时间上大致可以从

1991 年划至 2004 年，但这个界定尚存在一定的争议。

从技术层面来看，Web1.0 互联网主要依赖于超文本标识语言（HTML）和超文本传输协议（HTTP）等关键技术。HTML 使得网页内容得以结构化地呈现，而 HTTP 则定义了网页内容在客户端与服务器之间的传输方式。这些技术共同构建了 Web1.0 时代互联网的基石，使得静态网页成为这一时期网络应用的主流形式。静态网页的内容是固定的，用户主要通过浏览器进行查看，无法进行实时的交互操作。

在特征上，Web1.0 时代的新媒体主要是一种“只读”的信息展示平台。浏览信息是 Web1.0 时代人们打开电脑、接入互联网时的首要甚至唯一需求。在这一时期，用户主要通过浏览网站提供的信息来获取信息，处于被动接收信息的地位。网站是信息性的，主要包含通过超链接连接在一起的静态内容，或者简单地说，没有层叠样式表（Cascading Style Sheets，CSS）、动态链接和交互性（如用户登录、对博客文章的评论等）。因此，普通用户难以在网上冲浪时主动在网站上提供内容。网站内容几乎完全由建立者和运营者单方面提供，它像一个内容分发网络（Content Delivery Network，CDN），可以在网站上展示信息片段。它可以被用作个人网站，根据查看的页面向用户收费，或者使用户能够检索特定信息的目录。

从传播模式来看，Web1.0 时代的互联网以单向传播为主，信息传播呈现出树状结构，其中树干代表信息传播方，枝叶则代表接收信息的广大用户。网站作为信息的主要提供者，通过编辑、整理和发布内容来吸引用户访问。用户则主要扮演信息接收者的角色，只能被动地浏览网页内容，无法直接参与内容的创作和修改。这种传播模式使得互联网在信息传播上呈现出较高的中心化特征，少数门户网站成为信息传播的主要渠道（见图 2－2）。

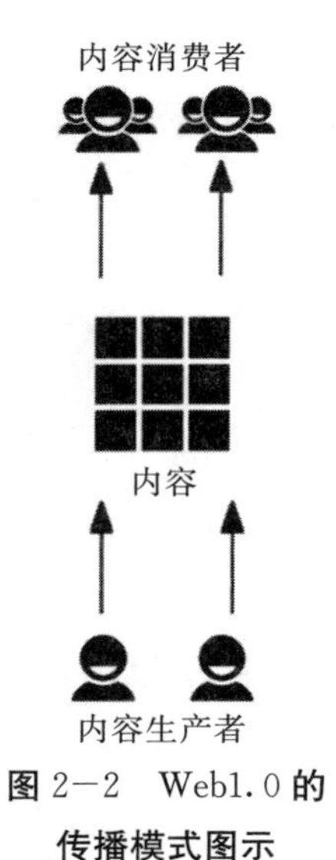

图 2－2　Web1.0 的传播模式图示

Web1.0 互联网的优势在于高效地传输信息，因此其应用主要以门户网站、搜索引擎、电子邮件和新闻组等为主。门户网站作为互联网的入口，为用户提供了丰富的内容导航和信息服务；搜索引擎则帮助用户快速定位所需信息；电子邮件成为重要的在线通信工具；而新闻组则促进了用户之间的在线讨论和交流。这些应用形态共同构成了 Web1.0 时代互联网的基本生态。

Web1.0 时代的互联网文化呈现出一种“官方”色彩浓厚的特征。由于传播模式的中心化和内容的权威性，互联网文化在很大程度上受到了传统媒体和官方机构的影响。同时，互联网作为一种新兴的传播媒介，也为传统文化的数字化传播提供了新的途径和平台。然而，由于用户参与度的限制，互联网文化的多样性和创新性在一定程度上受到了制约。尽管如此，Web1.0 时代仍为后来的互联网发展奠定了坚实的基础，为 Web2.0 乃至更高版本的互联网时代的到来铺平了道路。

在如今你所浏览的网站与网页中，哪些仍然保留着Web1.0的各种特征?

在Web1.0时代，用户基本是被动地接受互联网中的内容，很少能深度参与到互联网建设中。然而，随着互联网技术的进步和交互方式的革新，用户开始能够更积极地参与到互联网内容的创作中。这一转变的主要标志就是博客（Blog）与电子公告板系统（Bulletin Board System，BBS）的出现，以及早期像天涯这样的社区平台，用户可以在这些平台上发布自己的帖子，大量的用户开始贡献内容。从这一刻开始，互联网不仅可读，而且可读可写了。

于是，互联网便逐步过渡到了Web2.0时代。

（三）Web2.0时代

Web2.0是一个相对于Web1.0的互联网发展新阶段，它指的是一个利用Web的平台，由用户主导而生成内容的互联网产品模式。这一概念强调用户参与、内容生成与交互性，是对传统由网站雇员主导生成内容模式的一种革新。Web2.0不仅仅是技术上的升级，更是互联网应用模式、用户体验以及商业模式上的全面变革。它标志着互联网从单纯的信息展示平台转变为用户参与、内容共创的社交平台。

就我国互联网的发展历程而言，在2009—2010年前后，Web2.0时代悄然拉开序幕。具体而言，2009年1月7日，工信部为中国移动、中国电信和中国联通颁发了三张第三代移动通信（3G）牌照，这一举措极大地推动了中国移动互联网的广泛应用。而2010年iPhone 4的发布，更是加速了智能手机的普及进程，使得我们普通人能够更加便捷、迅速地接入移动互联网。

在这一时期，新媒体的交互性特征开始日益凸显。交互电视等新型媒体形式逐渐出现；同时，互联网行业也涌现出了谷歌和百度这样的搜索巨头，主动搜索和寻找信息成为互联网用户的核心行为。用户可以主动地搜索所需信息，并根据个人需求选择内容，传播者与受众之间的交互与分享也开始初步形成。

Web2.0时代的传播模式强调信息的交互性，而这一模式对用户与互联网文化的影响则更多地表现为“六度分隔理论”所揭示的原理。在这个时代，互联网用户既是信息的浏览者，也是信息的创造者，他们不再被动地阅读、接收信息，而是通过用户与用户之间、用户与网站之间的双向交流，实现了社会化网络的构建。

理论参考

六度分隔理论

六度分隔理论（Six Degrees of Separation），又称为六度分离理论、六度空间理论或小世界理论。

六度分隔理论的原理基于人们在社交网络中的联系和交互行为。具体来说，人们通过自我驱动的决策，权衡与他人建立联系的成本和收益，从而在社交网络中形成复杂的联系网络。这个网络中的每个节点（人）都通过一定的路径与其他节点相连，而这些路径的平均长度往往不超过六个步骤。这一理论揭示了人类社会网络中人际关系的紧密性和普遍性。

六度分隔理论的应用场景非常广泛，包括社交网络分析、信息传播、市场营销、危机管理等多个领域。例如，在社交网络平台上，用户可以通过朋友的朋友，甚至是朋友的朋友的朋友，与世界上的任何人建立联系。此外，该理论还被用于研究疾病传播、病毒传播等现象，帮助预测和控制传染病的蔓延。

Web2.0时代最具代表性应用，即手机上的各类App。因为智能手机具备“永远在线”和“随时随地”的特点，这让移动互联网成为很多人生活的重要组成部分。“上网”这个概念在这个阶段逐步消失，我们时刻都生活在网络里，社交关系被大量地引入互联网，更多的新社交关系被建立。智能手机与移动互联网的普及，让物理世界加速映射到互联网实现数字化，同时也让互联网上的各种服务能够应用到社会生活中，线上（Online）和线下（Offline）开始紧密地交互（如外卖软件）。社交网络、O2O服务（线上到线下服务）、手机游戏、短视频、网络直播、信息流服务、应用分发和互联网金融等移动互联网服务成为主流。

在Web2.0的架构下，应用程序的运行机制通常遵循这样的模式：客户端（即用户端）向服务器发起HTTP请求，若一切顺利，服务器则会将相应的网页内容作为响应回馈给用户。然而，这一机制存在一个显著的缺陷，即所有数据均被储存在由特定公司掌控的集中式服务器上。一些科技巨头开始将海量用户数据存储在自家的服务器上，旨在通过网络为我们提供更加个性化且丰富的内容。此举无疑延长了我们在这些网站上的停留时间，进而为这些公司创造了更多的广告收益。尽管从用户的角度来看，我们已经构建了一个看似去中心化的信息传播网络，但若从技术层面深入剖析，这无疑仍是一个中心化主导的时代（见图2—3）。

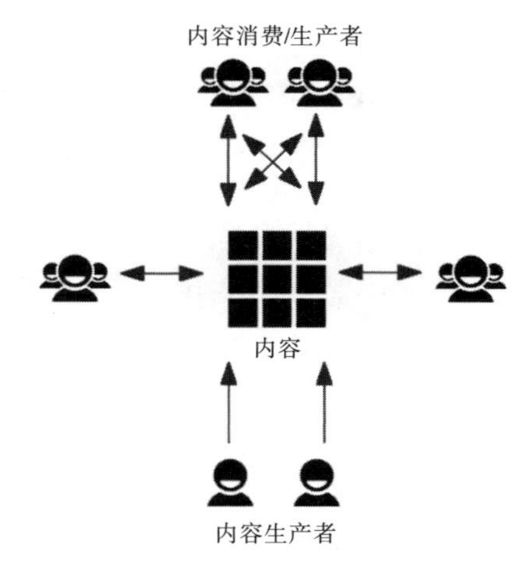

图 2－3　Web2.0 的传播模式图示

我们可以将 Web2.0 与 Web1.0 进行一个简单的对比（见表 2.1）。Web2.0 与 Web1.0 之间的联系在于，Web2.0 是在 Web1.0 基础上发展起来的，继承了 Web1.0 在信息展示、网络传输等方面的技术基础。同时，Web2.0 也克服了 Web1.0 在交互性、个性化等方面的不足，推动了互联网应用的全面升级。

表 2.1　Web1.0 与 Web2.0 的比较

特征	Web1.0	Web2.0
内容生产者	网站雇员或编辑	用户
用户角色	内容消费者	内容消费者＋内容生产者
交互性	低	高
传播方式	静态页面、单向传播	动态页面、双向或多向传播
技术基础	HTML、HTTP	AJAX、JavaScript 框架等
商业模式	广告为主	广告＋用户数据＋增值服务

Web2.0 依然是我们当前互联网及其应用的主要形态，然而随着一些前沿技术的不断冲击，互联网的代际似乎也在产生着新变化。

（四）Web3.0 时代与 Web3

既然已经有了 Web1.0 和 Web2.0 的时代，那么到底有没有 Web3.0 时代呢？或者说 Web3.0 时代与 Web2.0 时代的最大不同到底是什么呢？

在 Web2.0 时代，互联网已经实现了从静态页面到动态交互的跨越，用户不仅可以浏览信息，还能积极参与内容的生成与分享。然而，Web2.0 的集中式架构导致用户数据被少数平台所掌控，引发了隐私泄露和滥用等风险。为了应对这些挑战，Web3.0 与 Web3 互联网应运而生。

每当有颠覆性的信息技术出现时，人们都曾设想过以它为基础建构新一代互联网的模型。Web3.0 与 Web3 的概念就是这样产生的。2006 年，博纳斯·李用 Web3.0 的概念畅享未来互联网的智能网络，认为其是一种人与电脑之间的无障碍沟通互联网形态。而 2014 年，加文·伍德提出的 Web3，特指“基于区块链技术的去中心化互联网生态”。尽管 Web3.0 和 Web3 在名称上相似，且都试图构建一个更加理想化的互联网未来，但它们实际上是两个不同的概念。这种相似性可能源于两者都试图解决当前互联网存在的一些问题，如数据垄断、隐私泄露、中心化控制等。然而，它们的解决路径和侧重点有所不同。表 2.2 展示了 Web3.0 与 Web3 在定义、技术基础、核心特点、应用场景以及发展阶段等方面的区别。

表 2.2　Web3.0 与 Web3 的比较

特征	Web3.0	Web3
定义与愿景	语义网愿景，强调通过数据交换技术使网络内容更易于机器可读性	基于区块链技术的去中心化网络愿景，赋予用户对自己的身份和数据的控制权
技术基础	数据交换技术（RDF、SPARQL 等），可能涉及人工智能、机器学习	区块链技术，分布式账本，智能合约，加密货币
核心特点	智能，连接性，提高网络的智能和效率	去中心化，分布式存储和管理，更好地保护隐私和数字权益
应用场景	智能搜索引擎，个性化信息推荐，跨平台数据共享	去中心化金融（DeFi），非同质化代币（NFT），去中心化自治组织（DAO）
发展阶段	更为长期的概念和愿景，需要解决许多技术和社会挑战	仍处于发展的早期阶段，但已吸引大量关注和投资

随着互联网技术的飞速发展，Web3.0 与 Web3 互联网作为新一代网络形态，正逐渐崭露头角。它们不仅代表了技术基础的深刻变革，还预示着传播模式、应用形态以及互联网文化的全面转型。Web3.0 与 Web3 互联网的技术基础主要依托于区块链、分布式账本、去中心化身份验证等先进技术。这些技术使得网络更加安全、透明和去中心化，用户能够真正掌控自己的数据和身份。同时，通过智能合约等机制，Web3.0 与 Web3 互联网实现了无需信任和无需许可的交互，进一步降低了网络交易的门槛和风险（见图 2－4）。

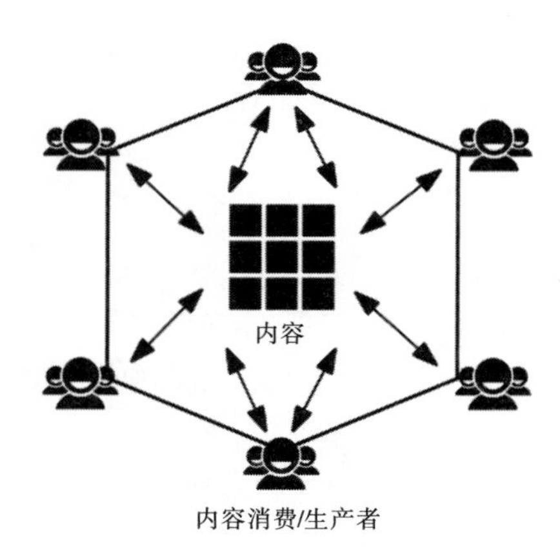

图 2－4　Web3.0 和 Web3 的传播模式示意图

尽管 Web3 与 Web3.0 依然处于不断发展变化的“未定型”阶段，但从人们对Web3.0 时代的传播模式的构想来看，其核心目标是构建一个既去中心化又安全可靠的互联网环境，使人们能够无需依赖中间商或大型科技公司，即可安全地进行金钱与信息的交换。与 Web2.0 时代将数据集中存储在单个数据库或云提供商的做法不同，Web3.0 的应用程序选择在区块链上或点对点节点（服务器）上运行。

在 Web3.0 的去中心化模式下，用户的数据控制权完全掌握在自己手中，通过钱包/私钥进行管理，数据的所有权归属于用户，而非平台方。此时，平台方的角色转变为一个个分布式应用程序（DApp），它们利用区块链上现有的基础协议和功能，搭建出各具特色的应用平台。例如，在以太坊上，智能合约采用以太坊虚拟机（Ethereum Virtual Machine，EVM）执行，数据存储和交互则遵循 Swarm 协议，信息的传递则通过 Whisper 协议实现。DApp 通过发行自己的激励代币 ERC20 Token 来构建应用的激励机制，从而有效地避免了恶意行为，确保了生态系统的稳健运行。

对互联网文化而言，Web3.0 互联网强调用户的数据所有权和隐私权，推动了互联网文化的去中心化和民主化发展。同时，通过智能合约等机制，Web3.0 与 Web3 互联网为数字经济的繁荣提供了坚实的基础，也促进了互联网文化的多元化和创新性发展。

这样看来，Web3.0 时代似乎已是一个“呼之欲出”的时代，但在我们的公众讨论中，总是在技术乐观主义的姿态下，在一系列的“高概念”充斥中暗含着泥沙俱下的境况，比如“比特币”的风波就是这样。

课堂讨论

比特币是什么？

它与区块链技术以及 Web3.0 时代的技术愿景之间存在着怎样的联系？

是否有可能借鉴比特币的核心逻辑，来构想 Web3.0 时代下的新型媒体产品呢？

比特币与“挖矿”

比特币是一种基于区块链技术的去中心化数字货币，它不依赖于特定的货币机构发行，而是通过特定算法的大量计算产生。比特币网络中的所有交易记录都被保存在一个公开透明的分布式数据库中，这个数据库被称为区块链。

针对比特币的“挖矿”活动，是指通过运行特定的计算机程序，参与验证和记录比特币网络上的交易，并通过解决复杂的数学问题（即工作量证明）来竞争“挖出”新的比特币的过程。在这个过程中，首先解出问题的矿工将获得一定数量的比特币作为奖励，同时还能获得该区块中所有交易的手续费。

比特币是前沿技术对金融领域产生影响的代表，兼具正面与负面的意义。

首先，比特币的总量恒定为2100万个，其供应量的增长遵循预定规则。它支持跨境交易，且费用相对较低，这使得那些没有银行账户或无法访问传统金融体系的人也能获得金融服务。但这也使得比特币的价格具有高度波动性，从而使得投资者面临较大的风险。

然而，比特币和挖矿活动都体现了去中心化的特点，这意味着没有中央机构或政府掌控。但这在一定程度上削弱了中央银行的货币发行地位。比特币的流通也可能对现有的金融体系造成冲击。这一特征也使得其监管难度较大，从而可能导致一些非法活动利用比特币进行洗钱、逃税等违法行为。

此外，比特币挖矿需要大量的计算资源，因此也消耗了大量的电能。这不仅增加了挖矿成本，也对环境造成了一定的压力。

数字人民币与金融安全

数字人民币（字母缩写按照国际使用惯例暂定为“e—CNY”）是由中国人民银行发行的数字形式的法定货币，与纸钞和硬币等价，具有价值特征和法偿性。它是以广义账户体系为基础，支持银行账户松耦合功能，支持可控匿名的支付工具。数字人民币的发行和流通遵循双层运营架构，由指定运营机构参与运营并向公众兑换。这种货币形式旨在满足公众对数字形态现金的需求，推动普惠金融的发展，并助力中国数字经济时代的“新基建”。

与“比特币”相比较，数字人民币同样属于数字货币的范畴，都融入了加密技术来保障交易的安全性与真实性，同样结合了区块链技术，进一步提升了交易的安全性与透明度。但数字人民币由中国人民银行发行，是法定货币的数字化形态，具有法定的支付能力，与人民币完全等价，其币值稳定，由央行调控。在交易规则与监管上，数字人民币基于央行的数字支付平台，交易流程与传统支付方式相似，受央行严格监管，遵循“小额匿名、大额依法可溯”的原则，既保护了交易者的隐私，又确保了在大额交易中的法律合规性。

数字人民币作为中国人民银行发行的数字形式的法定货币，其发展历程体现了中国在金融科技领域的创新能力和领先地位。同时，数字人民币的推广使用对于推动金融普惠、提升支付便捷性和安全性、维护金融稳定和防范金融风险以及促进数字经济发展等方面具有重要意义。

可以说，不同时代的社会文化也依据其传播模式的不同而不同。但面对新的互联网时代及其传播模式，我们是以技术乐观主义的观点积极拥抱新事物，还是对它持保留意见呢？

在 Web2.0 时代，我们的媒介使用习惯以及互联网文化生活的方式与 Web1.0 时代的人们相比，存在哪些异同？

为何 Y2K 亚文化对 Web1.0 时代甚至更早的电子媒介时代怀有深深的怀旧之情？

如果 Web3.0 广泛成为现实，那么它将塑造出怎样的时代图景和面貌呢？

三、数智时代的新媒体

在数字化和智能化技术背景下出现的新兴媒体形式和传播模式的推动下，"数智时代的新媒体"成为当前新媒体代际的"新生代"，我们可将其称为"数智媒体"。

（一）数智媒体作为代际划分

在探讨数智媒体与 Web1.0、Web2.0 及 Web3.0 时代的新媒体代际变革时，我们应从多个维度进行比较，包括技术演变、媒介形式、用户角色、内容生产与传播方式，以及社会文化影响。每一个代际的变革都代表了互联网技术与新媒体形式的重大演进，而数智媒体则是在这些变革基础上进一步发展的新形态。

首先，从技术演变的角度来看，数智媒体不仅继承了 Web2.0 和 Web3.0 的技术基础，更在此基础上大力推进了 AI 和大数据的应用。Web1.0 以静态网页和基础信息发布为主，Web2.0 引入了用户生成内容和社交互动，而 Web3.0 则开始涉及虚拟现实（VR）、增强现实（AR）和物联网（IoT）等先进媒介形式。数智媒体则进一步整合了 AI 的智能化应用，尤其是在内容生成、个性化推荐和用户行为预测等方面表现突出。例如，AI 技术能够自动生成内容，提供精准推荐，这在 Web1.0 和 Web2.0 中尚未实现。

其次，媒介形式方面的演变也体现了数智媒体的特点。Web3.0 的媒介形式已从传统的文字、图片和视频扩展到沉浸式体验的 VR 和 AR。数智媒体则在这些基础上进一步拓展了媒介形式，引入了 AI 生成的虚拟内容、自动化编辑工具和智能虚拟助手等。这样的发展使得媒介表现形式更加多样化，用户体验因 AI 的介入而变得更加个性化和智能化。

再次，在用户角色方面，数智媒体使得用户角色变得更加复杂。一方面，AI 技术分析用户行为并提供个性化内容和服务；另一方面，用户可以利用 AI 工具进行内容创作，实现"人机共创"。这种变化虽然扩大了用户的创造力，但也增加了被算法控制的风险。例如，用户在使用 AI 生成工具时，虽然能够创造新的内容，但也可能受到算法的限制和影响。

然后，在内容生产与传播方式方面，数智媒体的崛起带来了 AIGC（AI 生成内容）

的新趋势。AI的参与使得内容生产更加高效、智能，推荐算法能够精准推送内容，提高传播效率。然而，这也引发了“信息茧房”和“算法歧视”等问题。用户可能被局限在算法推荐的狭小信息圈中，同时也面临算法偏见的风险，这些问题在数智媒体时代尤为突出。

最后，社会文化影响方面，Web3.0的去中心化理念推动了对权力、隐私和数据主权的深刻思考。数智媒体在社会文化上的影响则具有双重效应。一方面，AI和大数据加速了文化产品的生成和传播，提供了更加个性化的文化体验；另一方面，它也带来了技术控制和伦理挑战，如算法偏见、隐私侵犯和虚假信息。这些问题在数智媒体时代可能会更加显著，因此需要通过技术与伦理的共同努力来应对和解决。

总的来说，数智媒体在继承和发展Web1.0、Web2.0以及Web3.0技术和形式的基础上，展现了更加智能化、个性化和高效的特征，同时也带来了新的挑战和问题。

数智媒体应用案例

当前AI赋能的数智媒体应用迅猛发展，在内容生成和交互方面展现了强大的潜力。这些平台不仅限于生成图像、文本或音乐，还涵盖了更多的多媒体形式，如视频、虚拟现实内容、互动故事等。以下是几个值得关注的数智媒体平台。

1. OpenAI的ChatGPT

ChatGPT是一个基于生成式AI的语言模型，它能够生成与人类对话相似的文本。这种技术被广泛应用于多个数智媒体场景中，例如新闻写作、内容创作、虚拟助手和社交媒体交互等。ChatGPT能够根据输入的提示生成文章、对话剧本、故事情节，甚至自动生成评论或帖子。这不仅提高了内容创作的效率，还为个性化内容生成提供了新的可能性。许多公司已经开始利用类似的生成式AI技术来实现自动化内容生成，从而减少人力成本并提高生产速度。

2. DALL·E生成艺术作品

DALL·E是由OpenAI开发的生成式AI模型，能够根据文本描述生成图像。它可以将复杂的文字提示转化为高质量的视觉内容，例如艺术作品、插图、广告素材等。这种技术在数智媒体中具有广泛的应用前景，特别是在设计、广告、电影等领域。DALL·E的出现使得创意工作者能够快速生成概念草图和视觉方案，从而加速创意流程。它还能够生成以前无法通过传统技术实现的独特视觉风格和新颖内容。

3. Synthesia视频制作平台

Synthesia是一个基于生成式AI的视频制作平台。它能够生成虚拟人像视频，用户只需输入文本，平台就能生成带有虚拟人像的自然语音视频。这种技术广泛应用于企业培训、教育内容、市场营销等领域，帮助用户在短时间内创建个性化、定制化的视频内容。

4. Jukedeck 的 AI 音乐生成

Jukedeck 是一个基于生成式 AI 的音乐生成平台，能够自动生成个性化的音乐曲目。用户只需选择音乐的风格、节奏、时长等参数，Jukedeck 的 AI 系统就会生成符合需求的原创音乐。这项技术特别适合用于视频背景音乐、广告配乐、游戏音乐等领域。通过生成式 AI，创作者可以在短时间内生成高质量的音乐作品，无需专业的音乐制作技能。这种自动化音乐生成技术极大地降低了音乐创作的门槛，使得更多人能够轻松创作和分享音乐。

5. DeepArt 艺术创作平台

DeepArt 是一个将生成式 AI 应用于艺术创作的平台。用户可以将自己的照片上传到平台上，并选择一个艺术风格进行应用。DeepArt 的 AI 系统会将照片转化为类似于著名艺术家的风格化图像。这种技术使得普通用户能够轻松生成具有艺术感的作品，广泛应用于社交媒体和个人艺术创作中。

6. AI Dungeon 互动故事生成游戏平台

AI Dungeon 是一个互动故事生成平台，基于生成式 AI 模型 GPT－3。用户可以通过输入文字来引导故事的发展，平台会根据用户的输入生成下一段剧情。这种互动形式为用户带来了前所未有的沉浸式体验，特别适合用来创建动态、个性化的故事情节。AI Dungeon 结合了游戏和文学创作，吸引了大量文学爱好者和游戏玩家。

这些平台展示了生成式 AI 在数智媒体领域的多样化应用，涵盖了从图像和视频到互动故事和艺术创作的广泛内容类型。每个平台都为用户提供了强大的工具，让他们能够创造出个性化、创新性的内容。

归纳而言，从媒体代际划分的角度来看，数智媒体不仅是 Web1.0、Web2.0 和 Web3.0 技术发展的结果，更是这些代际变革的集大成者。它继承了 Web2.0 的社交性与互动性，同时吸收了 Web3.0 的去中心化和数据主权理念，并在此基础上引入了 AI 和大数据，使得媒介形态、用户角色、内容生产与传播方式，以及社会文化影响都发生了深刻变革。数智媒体的核心特征在于“智能化”和“数据驱动”，这也是它与前代新媒体形式最大的区别所在。

（二）关于数智媒体的媒介考古学思考

从媒介考古学的角度来看，数智媒体对人类社会文化的影响可以被视为一系列技术与社会实践交织的过程，这些过程不仅与当前的技术环境相关，也与历史上不同媒介形态的演变相联系。

数智媒体可以被视为媒介技术发展中的最新阶段，结合了数字技术、人工智能和大数据等多种技术力量。这种新型媒介不仅承载了信息，还通过算法、机器学习和数据分析主动参与内容的生成和分发。这种转变在媒介考古学的视角下，可以被看作对传统媒体形式的技术延续和超越。

在媒介考古学的理论视角下，可以通过以下几个维度来思考数智媒体的出现对人类社会文化的影响。

1. 媒介的历史性与连续性

媒介考古学强调对技术的历史层叠性进行挖掘，关注技术在时间上的演变和不同阶段的关联性。通过媒介考古学的视角，数智媒体不仅被视为一种全新的媒介形态，还被理解为延续了过去的技术逻辑。例如，数智媒体的算法逻辑可以被追溯到早期的统计学和信息理论的应用。

统计学在 17 世纪末开始发展，并在 18 世纪的启蒙时代获得了更广泛的应用。随着 19 世纪数据收集技术的进步，统计学为处理大量数据、识别模式和推断趋势提供了理论基础。当代数智媒体依赖于复杂的数据分析技术，其背后的算法逻辑实际上是早期统计学在新的技术背景下的延续与深化。克劳德·香农（Claude Shannon）在 1948 年提出的信息理论为现代通信技术奠定了基础，而数智媒体的算法逻辑很大程度上继承了信息理论的核心思想。

从统计学到信息理论，再到今天的 AI 和大数据技术，数智媒体的算法逻辑可以被视为一系列技术积累和演变的结果。但是这一逻辑或思想背后是否存在一定局限性？或者说，从连续性与断裂性的角度看，当前的数智媒体是否存在其他的“平行”发展可能？

数智媒体的算法逻辑延续了早期统计学和信息理论的功利性目标，即通过更高效的计算和分析提升决策质量。然而，这种逻辑在今天是否带来了新的伦理挑战，如隐私侵犯、算法偏见和信息操纵等问题？这些问题同样可以从技术的历史连续性中找到根源，并且需要在新的社会文化环境下重新审视和应对。

2. 信息的自动化与算法化

数智媒体依赖算法进行内容生成和分发，这种自动化改变了信息的生产和消费方式，模糊了人类创作者与机器之间的界限。媒介考古学的研究可以追溯到早期的自动化技术，如电报和早期的计算设备，分析这种连续性。

从媒介考古学的角度来看，数智媒体的自动化与算法化是技术演进的产物，是一系列历史性技术与媒介发展的结果。信息的自动化与算法化可以被视为计算技术、数据处理和通信技术长期演进的积累，因此 AI 所带来的信息自动化与算法化，可以从计算机技术的发展演进这一“深度时间”的维度，探讨其对社会文化的影响。那么我们可以从如下思路出发：

比如，人们探索机械自动化的历史实践如何影响了对“人”本身的理解与认识方式（如 17 世纪的技术进步与机械唯物主义的出现）？

再如，在互联网时代到来之前，人们是否或如何基于较为早期的计算机技术进行内容生成或艺术创作（如利用计算机程序自动写诗）？

3. 技术重塑感知方式

媒介考古学者认为，技术的发展并不仅仅是工具的进化，而是深刻地影响了人类的感知方式。例如，印刷术的发明塑造了线性思维和逻辑推理，而摄影术则改变了视觉文化和记忆的本质。媒介考古学方法既关注历史上的技术连续性，也关注技术变革如何带来感知方式和文化结构的断裂。通过回溯历史，我们可以更好地理解当前数智媒体对感知和文化的影响。

因此，数智媒体通过智能技术（如 AI、大数据、虚拟现实等）重塑了人们的感知方式。数智媒体或可通过高度个性化的内容推荐系统、沉浸式体验（如虚拟现实和增强现实）等技术，重新塑造了人们的感知方式。这种转变类似于以往的新媒介如印刷术、广播和电视所带来的感知变革。这种重塑可从以下几个问题进行深入思考：

首先，数字化与智能化的媒体是否造成了使用者的感知增强？

其次，AI 技术使得内容和信息的传播变得高度个性化和定制化，这种基于大数据的感知方式改变了传统的文化传播路径，又如何影响个体的感知和认知过程？

最后，数智媒体在提供无限信息的同时，也导致了信息过载的现象，这对人们造成感知疲劳的同时，是否让感知的选择性和过滤机制变得更加重要？

因为“数智媒体”与此前的“Web3.0”一样，都是处于迅速发展当中的“代际”，因此我们尚难以对其下若干定论，更难以在日新月异的新技术、新应用、新兴文化中“预言”其未来发展方向。然而，从媒介考古学的理论范式或批评视角展开深入思考，或许有助于我们面向数智媒体“发问”，而这些问题或许可以转变为我们认识、使用并驾驭数智媒体的重要进路。

本讲小结

1. 无论“旧”的新媒体淡出或淘汰与否，都在一定程度上对社会文化产生过影响，甚至持续产生着文化印记。

2. 媒介考古学作为一种“视旧如新”的研究方法和视角，能够拓展我们在研究新媒体时的批判性意识。

3. 随着互联网技术从 Web1.0、Web2.0 到 Web3.0，出现了不同的传播方式，从而产生相应的新媒体代际划分。

4. 数智媒体作为当前的新媒体代际划分，在技术基础上结合 AI 和大数据技术，推动了媒介内容形态和互联网文化的继续发展，但同时也带来了算法控制和信息茧房等问题。

参考文献

［德］西格弗里德·齐林斯基．媒体考古学——探索视听技术的深层时间［M］．荣震华，译．北京：商务印书馆，2006.

［美］埃尔基·胡塔莫，［英］尤西·帕里卡．媒介考古学：方法、路径与意涵［M］．唐海江，译．上海：复旦大学出版社，2018.

施畅．视旧如新：媒介考古学的兴起及其问题意识［J］．新闻与传播研究，2019，26

(7)：33－53＋126－127.
吴岩. 贾宝玉坐潜水艇：中国早期科幻研究精选［M］. 福州：福建少年儿童出版社，2006.
吴世文，杨国斌. 追忆消逝的网站：互联网记忆、媒介传记与网站历史［J］. 国际新闻界，2018，40（4）：6－31.

第三讲　数智媒体的类型发展

如今，“我”从早晨睁眼开始就离不开各种各样的电子设备、网络媒体、内容平台……“我”每天在各种不同平台上展现不同的面貌，但到底哪个“我”才是现实存在的？

一种在形式与风格方面独特的当代“现实主义”电影——桌面电影，正是从这一角度剖析我们当前的媒介使用习惯与互联网文化的。

桌面电影

“桌面电影”是一种新型的电影形式，主要以电脑或手机等电子设备的屏幕为镜头画面，利用屏幕语言来叙述影片故事情节。这种电影形式将整个故事的呈现完全以电脑桌面为载体，观众在观看时犹如自己正在使用电脑一样，具有独特的参与感和熟悉感。

桌面电影的概念最早由俄罗斯导演提莫·贝克曼贝托夫正式提出，并命名为“Screen Movie”。这一电影类型诞生于新媒体时代的大背景之下，最早脱胎于伪纪录片。在初期尝试阶段，2002 年出现了 86 分钟片长的《柯林斯伍德怪谈》，这是桌面电影的早期尝试，影片在 GUI 界面框架内呈现男女主角的视频聊天；随后出现了伪纪录片化的阶段，主要是用网络摄像头或手机摄像头以伪纪录片的形式呈现，如 2011 年的《消失的梅根》、2013 年的《巢穴》等。

2018 年《网络迷踪》和《解除好友 2：暗网》的上映标志着桌面电影完成了从效果方面的转型，影片运用视听语言模仿、建构网络行为动作和习惯，产生了心理体验上的移情效果，映射了互联网生态环境下人类的心理特征和文化征候。这也说明桌面电影非常契合当下互联网时代的社会心理，它以一种较为简便的方式大幅提升了电影的叙事空间，影片的信息量也得到了飞速的提升，甚至拓宽了电影这种艺术形式的表达可能。

案例出处：张净雨. 从银幕到屏幕：桌面电影的观影之变 [J]. 当代电影，2019 (6)：34－39.

一、新媒体不同类型的“前世今生”

上一讲我们说到新媒体基于互联网技术的不同而呈现出的代际更迭，大致呈现出从Web1.0的“只读”模式，到Web2.0的交互分享模式，再到当前Web3.0时代仍在不断更新当中的发展模式。新媒体的代际不同，它们的传播方式也不同，从而催生了不同的应用方式，最终围绕新媒体形成了不同的社会文化形态。

本讲内容我们继续上一讲的话题，并从具体的新媒体类型出发，以纵向的、历史的视角来探讨不同类型的发展历程，并在此过程中追溯其代际更迭对当时的社会文化造成了怎样的影响。需要同学们留意的是：这些影响如今是否还在，并朝着哪些方向发展？

具体来说，我们选取了八个类别的八个维度。

（一）信息传达：电子邮件与邮件营销

在各种类别的新媒体当中，电子邮件（E－mail）可以说是最早出现的一类。电子邮件作为第一代的新媒体沟通工具，在今天依然被广泛使用。

电子邮件的历史甚至可以网上追溯至1960年代末。关于世界上第一封电子邮件何时诞生，存在两种说法。同样，关于中国第一封电子邮件的起源，也存在两种说法。

关于世界上第一封电子邮件的诞生，存在以下两种说法。

第一种说法认为，电子邮件诞生于1969年。据《互联网周刊》报道，世界上的第一封电子邮件是由美国计算机科学家莱纳德教授发送给他的同事的一条简短消息，时间应为1969年10月。该消息仅包含两个字母：“LO”。因此，莱纳德教授被誉为“电子邮件之父”。他解释道：“当年，我试图通过位于加利福尼亚大学的一台计算机与位于旧金山附近斯坦福研究中心的另一台计算机进行联系。我们的操作是从一台计算机登录到另一台计算机。当时的登录方法是键入L－O－G。我方键入L后，询问对方是否收到L，对方回答已收到。随后依次键入O和G，但在收到对方确认收到G的回复之前，系统发生了故障。因此，第一条网上信息就是‘LO’，意为：你好！我遇到了麻烦。”

第二种说法则认为，电子邮件诞生于1971年。当时，美国国防部资助的阿帕网项目正在紧锣密鼓地进行中，一个棘手的问题浮现出来：参与此项目的科学家们分散在不同地点进行不同的研究工作，同时他们无法有效地分享各自的研究成果。其原因在于，他们使用的是不同的计算机，每个人的工作对其他人来说都无法利用。因此，他们迫切需要一种能够通过网络在不同计算机之间传输数据的方法。为阿帕网工作的麻省理工学院博士雷·汤姆林森将一个可以在不同电脑网络之间进行拷贝的软件与一个仅用于单机的通信软件进行了功能合并，并将其命名为SNDMSG（即Send Message，意为“发短信”）。为了进行测试，他使用此软件在阿帕网上发送了第一封电子邮件，收件人是另一台电脑上的自己。尽管雷·汤姆林森本人也已记不清这封邮件的具体内容，但这一时刻仍然具有深远的历史意义：电子邮件就此诞生。雷·汤姆林森选择“@”符号作为用户名与地址的分隔符，因为这个符号相对生僻，不会出现在任何人的名字中，且其读音有着“在”的含义。阿帕网的科学家们对这个具有划时代意义的创新表示了极大的热情。他们天才般的想法及研究成果现在可以以极快的速度——快得几乎无法察觉——与同事们共享。现在，他们中的许多人回想起来都认为，在阿帕网所取得的巨大成功中，电子邮件发挥了不可或缺的作用。

关于中国第一封电子邮件的出现时间，存在以下两种说法。

第一种说法是1986年。1986年8月25日，瑞士日内瓦时间4点11分，北京时间11点11分，时任高能物理所ALEPH组组长的吴为民，从北京710所的IBM－PC机上发出了一封电子邮件，收件人是位于瑞士日内瓦西欧核子中心的诺贝尔奖获得者斯坦伯格（Jack Steinberger）。这被认为是中国发出的第一封国际电子邮件。

第二种说法是1987年。1987年9月，措恩教授在北京出席一个科技研讨会。经过一番调试，他成功实现了北京计算机应用技术研究所和卡尔斯鲁厄大学计算机中心的计算机联结。9月20日，他起草了一封电子邮件，并与我国的王运丰教授共同署名后发出，这封邮件成功地传到了卡尔斯鲁厄大学的一台计算机上。邮件内容为“Across the Great Wall we can reach every corner in the world（越过长城，走向世界）”。这是1987年9月20日从北京向海外发出的中国第一封电子邮件，也预示着互联网时代悄然叩响了中国的大门。

从无论是1960年代末只有几个字母内容的电子邮件，还是1980年代中后期从中国发往世界的电子邮件，都承载着文字信息传递的功能。

如今，这一功能虽然依旧是电子邮件的主要功能，但随着其他互联网应用的发展，电子邮箱和邮件的基础功能也被应用于各个方面。

课堂讨论

为什么电子邮件这一最早出现的新媒体，在今天非但没有被淘汰，甚至还被继续广泛应用呢？

即便在今天，电子邮件依然是商业营销的一个重要渠道。电子邮件营销（E－mail Direct Marketing，EDM）是一种在用户事先许可的前提下，通过电子邮件向目标用户传递有价值信息的网络营销手段。EDM的核心在于其三个基本因素：用户许可、通过电子邮件传递信息以及确保信息对用户有价值。这三个要素共同构成了电子邮件营销精准定位的基础，进一步派生出三个关键维度的“精准”：人群精准、内容精准和定位精准。

实际上，这些“精准”原则与移动互联网时代对“分众化”传播的要求不谋而合。分众化传播强调传播者应根据受众需求的差异性，针对特定的受众群体或大众的特定需求，提供定制化的信息与服务。因此，基于精准投放的电子邮件营销具有诸多优势。

然而，邮件营销在受众方面也存在一定的局限性。无节制的群发可能导致邮件被视为垃圾邮件，甚至可能导致企业的邮件服务器被电子邮件运营商封杀。此外，如果邮件设计不够精心，可能降低其可信度；在受众定位不精准的情况下，还可能引发用户的反感，进而影响品牌的美誉度，降低邮件的营销效果。

（二）信息发布：网站与门户网站

网页网站的发展历史可以追溯到互联网的早期阶段，经历了多个重要的变革与发展。

在1990年代初，蒂姆·伯纳斯-李发明了世界上第一个网站，并创建了HTML（超文本标记语言）作为创建网页的标准语言。这一时期的网站极其基础，仅包含简单的HTML代码和超链接，设计和功能都非常有限，主要以文本为主，几乎没有图像和样式设计，用户体验相对单一。

随着时间的推移，1996年至2000年间，网页设计迎来了革新。1996年，CSS（层叠样式表）的引入使得网页设计师能够更方便地控制网页的布局和样式，而不必在HTML中嵌入大量的格式代码。这一变革使得表格布局成为主流，网站开始具备更丰富的视觉效果，内容在网页中也能够更精确地排列。

进入2001年至2005年，动态内容时代来临。JavaScript和AJAX的兴起，使得网页可以在不重新加载整个页面的情况下，与服务器交换数据并更新部分网页内容。这一技术的引入让网站变得更加互动，用户体验显著提升，动态内容成为主流，为用户带来了更丰富多样的浏览体验。

随后，2006年至2010年间，响应式设计阶段到来。随着移动设备的普及，响应式网页设计应运而生，确保网站能够在各种设备上保持良好的显示效果和用户体验。同时，HTML5和CSS3的推出为现代网页设计提供了更多的可能性，使得网站能够适应不同屏幕尺寸和分辨率，提供更好的跨设备兼容性。

自2011年至今，移动优先与优化阶段成为网页设计的重要方向。智能手机的普及改变了网站的访问方式，移动优先设计成为开发的重点。网站更注重速度和轻量级，同时也在不断优化SEO和用户的访问路径。HTML5的普及使得更复杂的应用成为可能，推动了网站从纯信息展示向交互式应用的转变，为用户带来了更丰富、更便捷的浏览和交互体验。

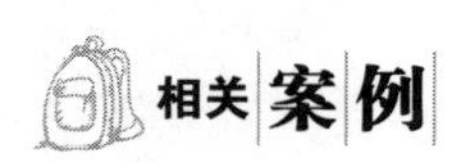

H5网页及其应用

H5网页是指基于HTML5技术开发的网页页面。HTML5是一种标准化的标记语言，它提供了新的功能和语义元素，使得开发者能够创建更丰富、更动态的Web内容和应用程序。H5页面通常具有更好的可访问性、交互性、响应性和移动端支持，可以包含文字、图片、音频、视频和动画等多种元素，适用于移动设备和PC端。H5的具体应用案例包括但不限于H5电子贺卡、H5游戏等。

案例出处：搜狐．H5说：H5技术的优势与应用［EB/OL］．（2016－04－15）［2024－11－04］．https://www.sohu.com/a/69461237_379442.

我们在上一讲说到 Web1.0 时代发挥“只读”功能的网站形态，而具有代表性的形态便是“门户网站”。即便在 Web1.0 时代，互联网已有的、可供浏览的内容都已无法通过一些纸质的目录进行查询，门户网站便通过“超链接”的方式推荐“有趣内容”。

第一代门户网站解决了一个重要问题：上网做什么？门户网站成为“上网冲浪”的入口，但这种入口是单向的，主要由网站运营者在门户主页上展示可供进入的其他网页地址。因此，第一代门户网站提供的是“入口型产品”，定位为人们的“上网第一站”，而“大而全”是门户的重要基因。

门户网站作为互联网发展的重要组成部分，也经历了多个阶段的发展。1990 年代末至 2000 年代初，搜狐、网易和新浪等门户网站相继问世，标志着中国门户网站时代的开启。这些门户网站最初主要提供搜索引擎服务、新闻、股票信息等综合性互联网信息资源，成为用户上网的主要入口。

具体来说，如果把门户网站按照网站内容和定位分类，可以分为以下几种，也说明即便在移动互联网时代，门户网站在一些应用场景下依然是首选形态：

（1）网址导航式门户网站。

（2）垂直行业综合性门户网站。

（3）地方生活门户网站。

（4）综合性门户网站。

（5）政府、公司、组织类门户网站。

请为表中所示的网站进行连线归类，它们都属于哪一类门户网站？

浏览器导航页
新浪网
腾讯网
XX大学校网
工商银行官网
教育部官网

政府门户
综合性门户
地方生活门户
垂直行业门户
导航式门户
企业门户

随着移动互联网的兴起，门户网站面临新的挑战。为了适应移动设备的普及和用户需求的变化，门户网站纷纷推出手机新闻客户端 App，并利用 LBS 技术推出地方新闻服务。在转型过程中，门户网站逐渐确定了自己的业务重心，如网易的游戏业务、新浪的微博业务等，以实现更持续和稳定的发展。

（三）信息获取：搜索引擎

上述门户网站在同一版面内只能一次性展出数量相对有限的“超链接”，如果一个用户有更为精细化、个性化的内容浏览需求，一层层地翻看超链接显然不是一个高效的方式。所以在门户网站的发展之后，出现了由搜索引擎支撑的网站形态。如今我们熟知的百度、谷歌、必应都可纳入这个类别。

图 3—1 展示了搜索引擎的工作原理。搜索引擎的工作原理是一个复杂而高效的过程，其核心任务是从互联网的海量信息中快速找到用户所需的内容。

这一过程首先始于数据采集与存储，搜索引擎通过特定的程序，即网络爬虫或通常所称的“搜索引擎蜘蛛”，在互联网上广泛搜集网页信息。这些爬虫程序会按照一定的策略遍历 Web 空间，抓取网页内容，并将这些数据存储到搜索引擎的原始数据库中。

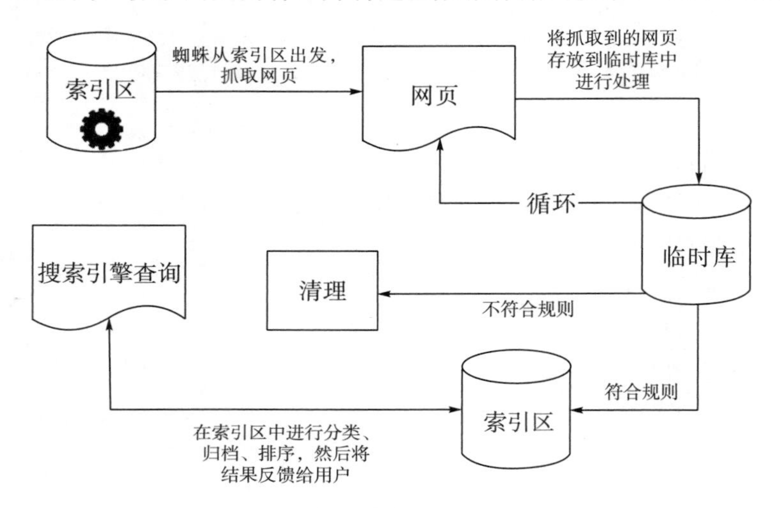

图 3—1　搜索引擎的工作原理

其次，搜索引擎会对这些存储在原始数据库中的网页信息进行进一步的处理。这包括去除 HTML 标记等无用信息，提取文本内容、超链接、图片等有用信息，并对这些信息进行索引，以建立索引数据库。索引数据库是搜索引擎进行快速检索的基础，它使得搜索引擎能够在用户提交查询时，迅速找到相关的网页。

当用户通过搜索引擎输入查询关键词时，搜索引擎会根据这些关键词在索引数据库中快速检索相关文档。检索过程中，搜索引擎会计算文档与查询关键词的相关度，并对检索结果进行排序。排序算法通常考虑多种因素，如关键词在文档中的出现频率、文档的重要性等，以确保用户能够获得最相关、最有价值的搜索结果。

最后，搜索引擎将排序后的检索结果展示给用户。用户可以根据需要点击结果链接，进一步访问相关网页。这样，搜索引擎就完成了从海量信息中快速找到用户所需内容的核心任务。

在这个过程中，“搜索引擎蜘蛛”发挥了至关重要的作用。它们是搜索引擎抓取网页的主要工具，不断在互联网上爬行，发现并抓取新的网页内容。蜘蛛会遵循网页中的超链接，遍历整个网络空间，确保尽可能多的网页被搜索引擎收录。同时，它们也会遵守网站设定的规则，以保护网站的隐私和安全。在抓取网页的过程中，蜘蛛还会对网页的 HTML 代码进行解析，提取其中的有用信息，为搜索引擎建立索引数据库提供数据资源。此外，蜘蛛还会定期回访已抓取的网页，更新搜索引擎的索引数据库，以确保用户能够检索到最新、最准确的信息。

但这仅仅是基本的技术原理，在实际运营过程中，基于广告推广、商业合作、重要性排名等等各种原因，搜索引擎反馈给用户的搜索结果排名是完全不同的。我们可以现场做一个实验。

尝试在不同的搜索引擎中输入相同的关键词，或查询相同的内容，比较一下它们是否呈现出不同的搜索结果，它们会优先呈现哪些结果？

（四）电子公告板系统：从网络论坛到问答社区

电子公告板系统（Bulletin Board System，BBS）也称为虚拟社区，是指在网络上由具有共同兴趣或特定属性的人群聚集互动形成的社会集合。这些社区以多种形式存在，BBS 和贴吧就是典型代表。

BBS 最初的设计初衷是用于公布股市相关信息，但随着 Web 技术的发展，它逐渐演变为一个网上交流场所，允许用户发布和浏览帖子，进行实时或非实时的互动。在 BBS 中，用户可以根据共同的兴趣或主题聚集在一起，形成特定的社区文化和社会关系。

BBS 是 Web1.0 时代到 Web2.0 时代的过渡性产品，即从“只读”到“交互参与”过渡的中间产品，它以网页、网站为平台，但增加了用户的参与性，“发帖”“跟帖”“顶”成为跟随论坛这一互联网产品形态风靡全国的流行语汇。而一些知名的论坛，如天涯论坛和威锋网论坛，从活跃用户量和社会影响力来看，几乎形成了一些规模庞大的互联网社区。

中国的 BBS 发展经历了以下 4 个发展阶段。

1）早期萌芽（1990 年代初）

1991 年，“中国长城站”在北京架设成功，这是中国最早的 BBS 系统，标志着 BBS 正式进入中国。此时的 BBS 还处于聊天室的时代，网民主要通过界面简陋、操作烦琐的 Telnet 进行登录，使用者大多是专业人员，全网化普及难度较高。

2）快速发展（1990 年代中后期）

1994 年，国家智能计算机研究中心开通了曙光 BBS，成为中国第一个互联网 BBS。随着网络的进一步普及，越来越多的 BBS 站点涌现，如四通利方论坛（新浪论坛前身）、水木清华、南京小百合、北大未名等高校 BBS。1997 年，猫扑成立，早期定位游戏社区，后转为综合社区，成为当时知名的中文网络社区之一。

3）鼎盛时期（2000 年代初）

进入 21 世纪，随着四大门户网站（新浪、网易、搜狐、腾讯）的相继成立和门户论坛的推出，BBS 社区迎来了鼎盛时期。猫扑、天涯、西祠胡同等 BBS 社区如雨后春笋般涌现，成为广大网民畅所欲言的绝佳场所。BBS 社区不仅产生了大量网红和流行语，还催生了诸多网络事件，如“芙蓉姐姐”等。

4）逐渐衰落与转型（2000 年代中期至今）

随着 Web2.0 时代的到来和移动互联网的兴起，传统 BBS 社区开始面临用户流失的挑战。新兴的社交平台如博客、SNS、微博、微信等逐渐取代了 BBS 的部分功能，使得 BBS 社区的用户活跃度下降。一些 BBS 社区开始尝试转型，如拓展门户网站功能、开发移动应用等，以应对互联网行业的变革。

可见，论坛这种形态在面对移动互联网时代便已显得不再适应。早在博客兴起后，高质量论坛版主更愿意去博客写文章，因为博主比论坛版主更容易建立个人品牌，于是有影响力的写手逐步转向博客、微博、微信公众号、头条号等新的写作平台。另外，中文小说网站也吸引了很多网络写手前去写连载小说，这导致曾经在论坛上盛极一时的连载帖写手流失。

然而，尽管 BBS 社区在如今的互联网行业中的地位已不如往昔，但它们仍然拥有一定的用户群体和影响力。一些专业的 BBS 社区如技术论坛、行业交流论坛等仍然活跃在互联网上，为特定领域的用户提供交流和学习的平台。

课堂讨论

你曾经登录过哪些 BBS？它的主要用户群体是什么样的？用户在 BBS 中所交流的信息有何特点？

继 BBS 之后，出现了一种更具开放性的、以知识分享为主要功能的互联网社区——问答社区。问答社区全称为社交化问答社区，是介于论坛和传统知识平台（如百度百科）之间的一种问答类平台，也是一个公共的知识平台。它以线上问答的形式帮助用户解惑，弥补对隐性知识的即时搜索需求。问答社区的价值在于重建人与信息的关系，通过用户的不断修正，将宽泛的词条扩展为明确问题，实现信息向知识的转化。

问答社区专注于问答形式，用户提出问题，邀请他人回答，或者回答他人提出的问题。这种形式更侧重于知识的获取和分享，以及专业领域的交流。用户关系相对较为松散，主要围绕问题和答案展开，但问答社区也鼓励用户之间的互动和交流，以促进知识的共享和传播。

随着互联网技术的不断发展，问答社区逐渐呈现出专业化、垂直化的发展趋势。越来越多的问答社区开始专注于特定领域或行业，为用户提供更加精准和专业的解答。而 BBS 则面临着用户流失、活跃度下降等挑战。一些 BBS 开始尝试转型或与其他社交平台融合，以应对互联网行业的变革。

举例来说，知乎是国内的问答平台。知乎作为一个中文问答社区，于 2011 年 1 月正式上线。知乎以“让人们更好地分享知识、经验和见解，找到自己的解答”为品牌使命，致力于构建一个高质量的知识分享与交流平台。

（五）社交媒体：从博客到微博

博客是一种由个人管理、不定期张贴新的文章的网站。博客是社会媒体网络的一部分，它代表了新的生活、工作和学习方式，是网络时代的个人“读者文摘”，是以超链接为入口的网络日记。

博客一词是从英文单词 Blog 翻译而来。Blog 是 Weblog 的简称，而 Weblog 则是由 Web 和 Log 两个英文单词组合而成。Weblog 就是在网络上发布和阅读的流水记录，通常称为“网络日志”，简称为“网志”。但中文翻译“博客”这个词，既可以指代用户所使用的网页 Blog，也可以指代使用这一功能的用户本身——因为博客本来就多为个人运营，因此就出现了“博客”与博“客”不分家的情况。

在人人开设个人博客的千禧年前后，势单力薄的博客却能够成为一种“个体新闻从业者”，通过在自己的个人博客发布“新闻”内容，而产生了强烈的社会影响。

“公民新闻”与博客报道

公民新闻（Citizen Journalism）是 20 世纪 90 年代兴起的一种新闻理念，其核心在于未经专业新闻训练的普通公众通过大众媒体或个人通信工具创作并发布新闻信息。简单来说，公民新闻是指那些由非职业记者创作、传播的新闻报道和评论，它们往往基于个人的观察、经历或是对已公开报道事件的见解和看法。

博客作为 Web2.0 时代的代表应用之一，为公民提供了低门槛、低成本的新闻发布平台。最早的公民新闻即与博客有关，这可以追溯到 1998 年，马特·吉拉德使用自己的博客“吉拉德报道”，标志着博客在推动公民新闻发展上的重要作用。

随着博客的普及，越来越多的公民开始通过博客发布自己所见所闻的新闻事件，公民新闻逐渐成为一种普遍现象。

博客的写作者被称为“个体新闻从业者”，在当时预示着一种“公民新闻”的可能性。但其中也包含着各种不可控的因素，例如“新闻”内容的可信度问题、从业者报道的专业性问题、报道方式的合理性合法性问题，以及伦理问题等。比如“人肉搜索”等网络暴力行为，就是这些问题的集中体现。

课程思政

对“人肉搜索”的思考

“人肉搜索”又称“起底”或“人肉搜寻”，是一种利用互联网作为媒介，通过搜索引擎、博客、论坛等网络媒体平台，发动广大网民进行分布式研究（逐个辨别真伪），以查找特定人物隐私信息并对其施加压力的网民群众运动现象。这种方式强调了人工介入在搜索过程中的重要性，以区别传统的基于算法的机器搜索。“人肉搜索”的起源可以追溯到中国互联网发展的早期阶段。在中国网络文化圈，“人肉搜索”一词最早于2001年在猫扑网上出现，并迅速在网络上流行开来。

从积极一面来说，“人肉搜索”在一定程度上能够揭露一些不正常、不公平的社会现象，成为公众关注社会问题的重要途径。但从社会危害的一面来说，首先，“人肉搜索”过程中，网民们往往会公布被搜索者的个人隐私信息，包括家庭住址、联系方式、工作单位等敏感信息。这种行为严重侵犯了被搜索者的隐私权，给其生活带来极大的困扰和不安。其次，由于“人肉搜索”往往伴随着情绪化的言论和攻击性的行为，很容易引发网络暴力。一些网民在未经核实的情况下，对被搜索者进行谩骂、侮辱甚至威胁，导致其名誉受损、精神受到打击。

因此，我们需要理性看待“人肉搜索”现象，加强网络监管和法律法规建设，引导其健康发展。

Web1.0时代的博客，在Web2.0时代迅速被微博取代。微博，即微型博客，是一种基于用户关系的信息分享、传播以及获取平台。用户可以通过Web、WAP以及各种手机客户端，以140字左右的文字更新信息，并实现即时分享。

2007年前后，微博最初作为一种微型博客进入中国市场，主要由技术爱好者和部分媒体人士使用，内容相对简单。随着用户数量的增加，微博开始发挥更加重要的社会作用，成为一个公共舆论平台，内容逐渐丰富和多样化。随后，微博通过引入广告等商业模式开始盈利，并注重用户体验，通过算法推荐、内容筛选等方式优化内容质量。

微博逐步取代博客的影响力，除了更适应移动终端之外，还有如下原因。

1）内容微型化，呈现形式丰富化

微博的使用门槛低，无论是发布还是阅读都极为简便。同时，微博适合利用碎片时间进行信息的发布和获取，满足了现代人快节奏生活的需求。而博客通常需要在电脑上进行长篇大论的写作和阅读，不够便捷。

2）互动性强与社交传播

微博强调用户之间的互动，通过评论、转发等功能形成强大的社交传播效应。用户不仅可以获取信息，还可以参与讨论、表达观点，增强了用户的参与感和归属感。相比之下，博客的互动性较弱，难以形成有效的社交传播。

3）传播的移动化，自传播速度快

微博通过粉丝转发机制实现内容的快速传播，使得优质内容能够迅速获得大量曝光。而博客则主要依赖网站推荐带来流量，传播速度相对较慢。

微博以其便捷性、互动性、快速传播和广泛的用户基础等优势迅速取代博客成为主流社交媒体平台。但是当微博成为主要的社交媒体的过程中，跟随微博营销的需要，也出现了诸多问题，导致微博的用户体验不断下降。

“僵尸粉”与“水军”

在微博这一社交媒体平台上，存在着两种特殊的网络现象——“僵尸粉”与“水军”。

所谓“僵尸粉”，指的是通过花钱购买得到的虚假粉丝，这些粉丝往往是由系统自动产生的恶意注册用户，它们有名无实，不具备真实的用户行为特征，如发布微博、参与互动等。僵尸粉的存在主要是为了增加博主的粉丝数量，制造人气假象，但其危害也不容忽视。它们导致了微博上的粉丝数量、互动数据等出现虚假繁荣，误导了公众和广告主，扰乱了微博市场的公平竞争秩序，同时也降低了微博内容的真实性和可信度，影响了用户的阅读体验和互动体验。

而“水军”则是指受雇于网络公关公司或个人，通过大量注册或使用已有账号，在网络上发布、回复和传播特定信息的网络人员。他们的行为往往具有明确的商业目的，旨在影响网络舆论或制造话题热度。水军的特点在于其组织性、目的性和规模性，他们能够迅速形成网络舆论的规模效应。从社会危害来看，水军可能通过发布有针对性的辱骂评论、进行人肉搜索等方式侵犯个人隐私，给当事人带来极大的困扰和伤害，或通过大量发布虚假信息、恶意评论等方式操纵网络舆论，误导公众认知，损害社会公信力。更为严重的是，一些水军通过发布负面信息、抹黑企业形象等方式损害企业利益，破坏市场秩序。

“僵尸粉”和“水军”作为微博平台上的两种不良现象，它们的存在对微博平台、用户、广告主以及整个社会都带来了不可忽视的危害。因此，我们应该保持警惕，提高鉴别能力，共同维护一个健康、真实、有序的网络环境。

你能否识别微博或其他社交媒体平台上的“僵尸粉”和“水军”？

你的识别方法是什么？

（六）即时通信工具：QQ与微信

无论是QQ还是微信，都能被纳入即时通信（Instant Messaging，IM）的类别。IM工具是一种允许用户在互联网上与其他人进行实时文本、语音或视频通信的应用软件。与传统的电子邮件或短信相比，IM工具提供了更快的通信速度和更丰富的功能，使用户能够更快速地交流和分享信息。

IM工具的早期应用案例可以追溯到1996年，当时以色列的Mirabilis公司推出了世界上第一款即时通信软件ICQ。这款软件支持文字聊天和文件传输等功能，为用户提供了一种全新的在线沟通方式。随后，美国在线（AOL）推出了AIM，微软推出了MSN Messenger，这些早期的IM工具在全球范围内迅速普及，为人们带来了极大的便利。

QQ的起源和发展历程是一个充满创新与变革的过程，它不仅见证了中国互联网的发展，也深刻地影响了人们的沟通方式和生活习惯。1998年11月，腾讯公司在深圳成立，最初的业务是为寻呼台建立网上寻呼系统。1999年2月10日，QQ的前身——OICQ正式上线。由于与美国在线的ICQ存在商标纠纷，OICQ于2000年11月正式更名为QQ。

QQ在这一阶段不断推出新功能，如移动通信服务、在线状态显示、语音聊天、视频聊天等，极大地丰富了用户的沟通体验。随着功能的不断完善和用户体验的提升，QQ的用户数量迅速增长。到2004年，QQ的同时在线用户突破了1000万，注册用户数达到了3亿。

2005—2010年的壮大阶段，QQ开始构建自己的内容生态，推出了QQ空间、QQ音乐、QQ影音等娱乐业务，以及QQ安全中心、QQ堂、QQ宠物等创新业务。同时，QQ还涉足移动和电商领域，推出了手机QQ、QQ网购、QQ钱包等服务。

腾讯推出的另一款IM工具——微信于2011年1月21日正式上线，为用户提供文字、图片和语音消息的发送与接收功能。微信最初被定义为一款通知工具，主要用于接收联系人、QQ邮箱和腾讯微博的信息通知。

QQ和微信是国内互联网即时通信类新媒体的两大典型代表。但从区别来看，QQ是适应PC时代的IM工具，而微信是适应移动互联网时代的IM工具。这一定位的差别直接影响了产品形态的呈现。比如，QQ有在线、隐身、离开、离线等功能，而手机里的微信没有“在线”这个概念，其永远都在线。再比如微信的朋友圈基于更为私密的关系链，其隐私权限限制更为严格，只能看到互为好友产生的评论回复，而QQ空间可以看到任何人对自己好友的评论回复。那么，既然在PC时代我们有了QQ，为什么在移动互联网时代还需要微信呢？

课堂讨论

请比较QQ与微信的异同。

这两个工具目前的主要应用场景有何区别？
为什么会出现这样的区别？

随着产品的不断迭代和优化，微信逐渐发展成为一款全方位的社交软件。2012 年 8 月，微信推出了朋友圈功能，允许用户分享自己的生活照片和状态更新。这一功能的上线标志着微信开始建设自己的内容生态。朋友圈不仅增强了用户之间的社交互动，还为用户提供了一个展示自我和了解他人的平台。2014 年 6 月，微信推出了支付功能，引领了中国支付方式的变革。微信支付不仅方便快捷，还广泛应用于线上线下各种场景，进一步提升了用户的便捷性和体验。此外，小程序功能的推出使得用户无需下载安装即可使用各类服务，视频通话、游戏对战等功能的加入进一步丰富了微信的互动形式。

无论是从 QQ 还是微信的发展史来看，“内容生态”是一个重要的概念。简单来说，QQ 和微信的出现本身是一种 IM 工具，但通过不断增添新的功能，其出发点和落脚点也是形成以 IM 为中心的“内容生态”格局，并深刻影响了我们的生活方式。

（七）视频内容：长视频、短视频到微短剧

中国长视频网站和平台的发展历程可以分为三个主要阶段：初创期、拓展期和平台并立期。

初创期为 2005—2010 年前后。随着海外视频网站 YouTube 的兴起，相类似地，国内出现了一批以“看客网”“56 网”等为代表的视频网站，它们采用共享经济模式，通过用户上传和分享的方式，与传统内容提供商相比实现了更低廉的成本。但是国内网络状况较为滞后，流媒体技术不发达，用户端访问速度受限，质量较差，故整个行业在这一期间并未得到迅速增长。

2011—2015 年前后是长视频网站与行业的拓展期。这一时期，在互联网普及率迅速提高和移动终端技术逐渐成熟的情况下，优酷、土豆、爱奇艺、腾讯视频等大型视频网站应运而生。这段时间的特点是，各大平台纷纷开始加大对原创内容的投入，并形成了一套完整的产业链。这一时期也见证了专业用户生产内容（Professional User Generated Content，PUGC）的兴起，其中有很多优秀的二次元番剧、美食、美妆等领域的 UP 主开始崛起。看起来，对于用户而言，二次创作、B 站 UP 主的新生也带来了不一样的视听经历，网民对网络视频的需求也更加多样化，追剧文化日益兴盛。

UGC、PGC 与 PUGC

UGC（User Generated Content）即用户生成内容，也可称为用户原创内容。这一概念最早起源于互联网领域，是指用户将自己原创的内容通过互联网平台进行展示或提供给其他用户。UGC 并不是某一种具体的业务，而是一种用户使用互联网的新方式，它改变了以往用户主要以下载内容为主的模式，转变为下载和上传内容并重。

UGC模式使得用户既是内容的消费者，也是内容的生产者。用户可以通过平台上的互动功能，如评论、点赞、分享等，与其他用户进行交流和互动，从而增强用户之间的连接和社区的活跃度。UGC平台通过汇聚大量用户生成的内容，可以形成庞大的内容库，为平台带来可观的流量和用户黏性。同时，这些内容也为平台提供了丰富的广告资源和商业合作机会，为平台创造了巨大的商业价值。

PGC（Professional Generated Content）即专业生产内容。这一概念相对于UGC而言，指的是由具有专业学识、资质和丰富工作资历的人士或团队，基于工作需要或以此盈利、谋生而创作生产的高质量内容。

PGC内容往往针对特定领域或主题进行深入挖掘和探讨，形成具有垂直特性的内容体系，它不仅满足了用户对高品质信息的需求，还推动了内容创作的专业化和标准化发展。PGC的生产者主要包括专业的新闻机构、影视制作公司、学术研究团队以及各领域的专家、学者等。他们基于自身的专业知识和经验，创作出符合市场需求的内容。

PUGC（Professional User Generated Content）即专业用户生产内容或专家生产内容，指的是以UGC形式产出的、相对接近PGC的专业内容。这一概念主要在音频与视频行业中被广泛应用，它结合了UGC的多元化、个性化优势与PGC的专业化、高品质特点。PUGC的生产者包括具有一定专业知识和技能的普通用户、兼职创作者以及小型创作团队等。他们虽然不是全职的专业内容生产者，但能够创作出具有一定专业水准的内容。

2016年至今是长视频行业的平台并立的时期。随着互联网内容行业的规模越来越大，各大互联网企业把眼光投向了在线视频领域。在内容上，各个平台还原度更高、跨界营销策略更丰富，同时放缓了在风口上的浮躁心态，在商业化、版权合作皆可联动方面具有自己的优势。

当前，各大长视频平台凭借优质的自制内容（比如爱奇艺的“迷雾剧场”和优酷的“白夜剧场”）与IP，正成为引领影视行业的龙头企业。

大约从2011年开始，特别是随着4G网络的普及和智能手机功能的迭代，短视频进入了快速成长阶段。短视频凭借其“短、平、快”的内容传播优势，迅速获得各大内容平台、用户及资本的青睐，用户数量快速增长。

中国的短视频经过了萌芽期（2011—2012年）、成长期（2013—2015年）、井喷期（2016—2017年）、成熟期（2018年至今）。以下是一些关键的时间节点：

2011年，GIF快手成立，用于制作分享GIF图片。2012年11月，转为短视频社区。

2013年，新浪微博App、微视上线，短视频进入市场应用，开启了短视频时代。2014—2015年，越来越多的创业者涌入短视频行业。

2016年，短视频进入高速成长期。这一年抖音上线，并靠着头条系强大的算法推荐功能，吸引了庞大的用户群。2017年，被称为短视频元年。短视频行业继续高速发展，2亿多网民聚集在短视频。

2018 年，短视频向多元化、垂直化方向发展，一时成为移动互联网的风口，短视频用户增长至 5.01 亿。

课堂讨论

请从平台特色、用户属性、视频长度、观看界面、社交入口等维度，比较抖音、快手、小红书、秒拍、西瓜视频等短视频平台的异同。

借助于短视频平台的受众基础与商业模式，新的“微短剧”内容形态正在迅速发展，并呈现“出海”趋势。

2020 年 8 月，国家广播电视总局的网络影视剧信息备案系统中新增了“网络微短剧”这一类目，标志着网络微短剧正式与网络剧、网络电影、网络动画并驾齐驱，共同成为需要进行备案审核的网络视听内容形态。2022 年 11 月，国家广播电视总局办公厅发布了《关于进一步加强网络微短剧管理实施创作提升计划有关工作的通知》，明确界定了网络微短剧的内涵：它是指单集时长从几十秒到 15 分钟左右，拥有相对明确的主题和主线，以及较为连续和完整的故事情节，同时具备制作成本低、内容轻量化、传播分众化等特征的新兴网络文艺样态。这一界定为我们深入理解网络微短剧提供了重要依据。

作为虚构性叙事艺术的新形态，网络微短剧蕴含着戏剧的基因、剧集的本质以及短视频的传播逻辑。从本质上来看，它是一种由人物扮演的叙事艺术；从内容层面审视，网络微短剧严格遵循戏剧创作的“冲突律”，并高度重视戏剧性的呈现；而从媒介角度来看，网络微短剧的出现与网络媒介的迅猛发展密不可分。

更为深刻地，网络微短剧是媒介变迁的产物，其本质在于适应各种媒介载体的内容和流量需求，作为一种连续的虚构叙事内容填充物而存在。其作品形态和传播模式多样，产业生态复杂，放置于不同的媒介环境中便能生成与之相适配的内容形态。因此，从媒介内容的角度出发，我们更能全面认识网络微短剧的本体全貌，而非将其视为一种非此即彼的存在。

“剧情化的短视频”是当下许多受众对网络微短剧的第一印象，而它与剧情类短视频的最大区别在于，其独特的分集叙事的具体形态。此外，从分众传播的角度来看，网络微短剧与网络文学在题材的分类方式上展现出一定的相似性。网络微短剧在题材选择上的倾向也与网络文学的快速更迭紧密相连，通常每种题材仅有数月的“风口”期，随后受众的注意力便会迅速转向更为新鲜的题材。

课堂讨论

你在短视频平台上看过“微短剧”“竖屏剧”吗，这些新形态的影视内容有何特点？这些特点同平台自身的定位与特点有何关系？

（八）直播：从传统直播到网络直播

“直播”并不是网络新媒体时代的专属类别，其实早在广播电视的“模拟信号”时代，直播就早已成为早期的内容形态。甚至可以说，早期以广播电视为载体的大众媒体内容，主要是以“直播”的形式进行传播的。

拓展阅读

中国电视史上的第一次直播

中国电视史上的第一次直播，始于1958年6月15日的一部电视剧《一口菜饼子》。这部电视剧更像如今的网络直播——这边演员们在现场演，那边就直接播上电视。

直至今日，即便直播的技术基础已转向数字化，直播依然是电视节目的一种重要的内容形态，例如新闻类节目的现场连线。

我们今天说的“直播”当然与上述直播不同。如果说，过去直播的主体主要是“官方”，那么互联网将直播的便利与权利下降给了“个人”。理论上，每个个体在通过了平台的资质认证以后，都能开通自己的直播渠道，将自己的线下生活即时分享到线上。

但如我们在第一讲中所讲的，个人依然需要依托于“平台式新媒体”，因而“流量”依然是重要的因素。因此，以追求流量为中心，目前以个人（及其背后的运营团队）为中心的直播主要呈现以下几个类别：

首先是在原本的流量明星转战直播平台，将本已积累起的粉丝人气进行引流。

其次是从短视频等互联网内容形态中脱颖而出的“网红”，再度进入直播领域变成“直播网红”，直播仅仅是其IP运营的其中一个部分。

最后则是各个直播平台原生的“网红”，在大批趋于同质化的个体之间脱颖而出，但在此过程中难免经历直播行业自身存在的缺陷，甚至乱象。

课堂讨论

你所知道的“线上”直播乱象，有哪些成了影响“线下”的社会新闻，对社会造成一定的负面影响？

二、数智媒体视域下新媒体类型的发展前沿

随着人工智能技术的到来，上述各个类型的“新媒体”开始逐步发展成为“数智媒体”，并且开始出现以下发展趋势。

（一）AI 辅助垃圾邮件过滤

随着互联网的飞速发展，电子邮件已成为我们日常生活中不可或缺的一部分。然而，垃圾邮件问题也随之日益严重，对人们的正常生活和工作造成了严重干扰。幸运的是，AI 技术的崛起为我们提供了有效的解决方案，尤其在垃圾邮件过滤方面展现了巨大潜力。

在 AI 技术广泛应用之前，垃圾邮件过滤主要依赖于规则引擎和关键字匹配等传统方法，但这些方法在面对日益复杂的垃圾邮件攻击时显得力不从心。AI 技术的出现彻底改变了这一格局，机器学习、深度学习等先进算法被广泛应用于垃圾邮件检测中，显著提升了过滤效果。这些算法通过分析大量的邮件数据，能够自动学习并识别垃圾邮件的特征模式，实现对垃圾邮件的精准过滤。

AI 在垃圾邮件过滤中的应用主要体现在特征提取与分类、行为分析以及实时更新与自适应等方面。它能够自动从邮件中提取关键特征，并根据这些特征将邮件准确分类；同时，通过分析用户的邮件使用行为来识别潜在的垃圾邮件发送者。此外，AI 垃圾邮件过滤系统还具有实时更新和自适应的能力，能够不断学习新的垃圾邮件特征模式并自动调整过滤规则，以适应不断变化的网络环境。

展望未来，随着 AI 技术的不断发展和完善，我们可以预见垃圾邮件过滤系统将变得更加智能和高效。未来，这些系统可能会结合更多的上下文信息来提高过滤的准确性，并更加注重用户体验和隐私保护，确保在过滤垃圾邮件的同时不会误伤正常邮件或泄露用户的个人信息。总之，AI 技术在垃圾邮件过滤中的应用为我们带来了前所未有的便利和保障，营造了一个更加清洁、安全的网络环境。

（二）AI 赋能网站新形态

而今，随着 AI 技术的快速发展，门户网站的形态和发展方向也将迎来深刻的变革。AI 技术能够分析用户行为、偏好和历史数据，为门户网站提供个性化推荐和内容定制功能，从而提高用户满意度和黏性；同时，利用自然语言处理和语音识别技术，门户网站可以提供更智能、高效的搜索和导航功能，帮助用户更快地找到所需信息。

AI 还可以自动生成文章、图像和视频内容，减轻网站管理员的负担，提高网站的活跃度和更新频率。此外，AI 聊天机器人可以为门户网站提供实时的、个性化的客户服务，提高服务效率并降低客服成本。最重要的是，AI 技术可用于检测和防御各种网络攻击，提高门户网站的安全性，保护用户数据和网站系统不受侵害。

AI 技术将为门户网站带来更加智能化、个性化的用户体验和服务模式，推动门户网站不断创新和发展，迎接未来的挑战与机遇。

（三）ChatGPT 与搜索引擎的异同

传统搜索引擎所能提供的服务功能尚且存在这些局限。而这些信息检索的需求，也逐步被另一些具有开放性、定制化的形态所补充。近年来以 ChatGPT 为代表的生成式人工智能的发展，似乎在内容搜索的维度上能够与谷歌、百度等搜索引擎相匹敌了。

ChatGPT 本身不是传统意义上的搜索引擎，因为它不提供基于关键词的网页检索服务。相反，ChatGPT 是一种基于自然语言处理技术的对话式 AI 模型，它更侧重于理解和回应人类语言，提供类似人类的对话交互体验。如果要将 ChatGPT 纳入某个范畴，它应该被归类为语言模型或对话系统。

那么今天各种搜索引擎、平台内部的搜索机制，与 AIGC 所提供的内容服务相比，它们之间的异同和优劣何在呢？传统搜索引擎和 ChatGPT 等生成式人工智能的搜索功能的区别在哪里？

首先，ChatGPT 是一款交互式的人工智能应用程序，它专注于通过与用户的对话来回答问题和提供服务。这款应用深植于深度学习和自然语言处理技术，通过海量训练数据学习了自然语言的语义和上下文，因此能够理解并生成相应的自然语言内容。ChatGPT 能够根据用户的需求提供个性化服务，并逐步优化其回答的准确性和适应性。它的核心目标是模拟人类的交流方式，回答用户的问题，提供建议并解决问题。

相比之下，搜索引擎则是一种相对被动的工具。它根据用户输入的搜索关键词，从互联网上的海量网页中搜索和匹配相关信息。搜索引擎使用特定的程序定期抓取互联网上的网页，并对它们进行索引和分类。当用户在搜索引擎中输入关键词时，它会通过匹配和排序索引的网页，从中选取最相关的网页作为搜索结果展示给用户，用户需要自行阅读和分析以获取所需信息。

然而，模式的变化并不必然决定用户体验的优劣。比如在信息获取的准确度上，两者就存在差异。由于 ChatGPT 是基于训练数据和模型生成回答，它可能受到训练数据质量和模型局限性的限制，并存在一定的误解或错误。相比之下，搜索引擎的搜索结果通常基于网页的相关性和权威性，致力于提供准确和可信的信息。

表 3.1 更为直观地比较了二者在各个方面所体现出的异同。

表 3.1　传统搜索引擎与 ChatGPT 等生成式人工智能的搜索功能的比较

类别	ChatGPT 等生成式人工智能的搜索功能	传统搜索引擎
功能	自然语言处理：理解复杂查询，生成自然语言回答。 上下文理解：基于对话历史生成更精准的回应。 智能推荐：根据用户行为推荐相关内容	关键词搜索：基于关键词匹配返回结果。 多类型内容检索：支持文本、图片、视频等
性能	实时互动：提供即时响应的对话体验。 持续学习：通过用户反馈不断优化模型	高效索引：快速检索海量数据。 算法优化：基于复杂算法排序结果
用户体验	个性化交互：提供定制化的回答和建议。 趣味性：支持闲聊和娱乐对话。 直观理解：生成易于理解的自然语言答案	精准度：检索结果及出处更加精准。 信息量大：需要用户自行整理归纳

与搜索引擎相比，ChatGPT 的优势在于其能够提供更加个性化、智能化的回答，并且能够处理更复杂的语言任务和对话场景。然而，它并不能完全替代搜索引擎，因为搜索引擎在信息检索、网页索引等方面具有独特的优势和应用价值。

从实际使用体验来说，ChatGPT、文心一言等“文生文AI”与传统搜索引擎分别擅长哪些领域，适合于应对哪些内容搜索需求呢？

（四）AIGC与网络社区的崭新可能

在数智时代，BBS与问答社区的形态也许会消失，但网络社区这一“以人为中心”的互联网应用形式也许会以新的方式延续下去。围绕AIGC形成新的网络社区不仅是可能的，而且在某些领域已经初现端倪。这种新的网络社区有望在内容生产、知识共享、创意协作等方面引领一种全新的互动模式。

例如，艺术家、设计师、作家和程序员可以在这些社区中分享他们使用AIGC工具创作的作品，互相交流技巧和经验。这种社区可能包括：

（1）AI艺术社区。社区用户使用AIGC工具生成数字艺术、音乐、文学作品等，分享创作过程，交流技巧，并进行作品展示和竞赛。例如，用户可以在平台上发布他们利用生成对抗网络（GAN）创作的视觉艺术作品，并与其他AI艺术家互动。

（2）代码生成与优化社区。程序员和开发者可以分享和讨论如何使用AIGC来自动生成代码片段、优化算法或进行软件开发自动化。像GitHub Copilot这种工具的普及，可以催生专门讨论和分享AI生成代码实践的社区。

（五）AI算法推送与社交媒体

AI算法推送，即利用人工智能算法对大量数据进行分析和处理，以实现对用户个性化需求的精准推送。其基本原理是通过收集用户的行为数据（如浏览记录、点击行为、购买历史等），运用机器学习、深度学习等算法对用户兴趣、偏好进行建模，进而预测用户可能感兴趣的内容或产品，并主动推送给用户。

应用于社交媒体场景的算法推送，能根据用户的兴趣、互动行为等，推送个性化的新闻、视频、广告等内容。例如，小红书通过算法分析用户的兴趣、购买记录和社交网络数据，为用户提供个性化的时尚、美妆、生活等领域的推荐内容。微博同样利用技术实现个性化的内容推荐，根据用户的兴趣、关注的人和话题等信息，推送符合用户兴趣的内容，提高用户参与度和满意度。

在算法推送的加持下，社交媒体的内容在传播过程中更具有针对性，极大地提高了信息推送的准确性和效率，为用户提供了更加个性化的体验。然而，也会产生“信息茧房”。

理论参考

"信息茧房"与算法推送

信息茧房（Information Cocoons）是一个心理学和社会学概念，最早由美国哈佛大学教授凯斯·桑斯坦（Cass Sunstein）在《信息乌托邦》一书中提出。桑斯坦指出，在信息传播的过程中，由于公众的信息需求并非全方位的，他们往往只关注自己选择的东西和使自己愉悦的通信领域。这种选择性关注导致公众逐渐将自己桎梏于一个像蚕茧一样狭窄的信息空间中，即"信息茧房"。桑斯坦在书中分析了信息茧房形成的主要原因，包括个体的选择性心理、信息过滤技术的发展、信息过滤技术的发展等。

当前社交媒体的算法推送显然与"信息茧房"有着密切的联系。一些学者认为，算法本身是中立的，其效果取决于如何设计和使用；而个性化推荐算法在提升信息分发效率和精确度方面发挥了重要作用，但也可能加剧信息茧房效应，这取决于算法的设计逻辑和用户的使用习惯。

AI和算法推送通过收集和分析用户数据，实现个性化内容推荐，这在一定程度上满足了用户的个性化需求。然而，过度依赖个性化推荐也可能导致用户接收到的信息日益同质化，加剧信息茧房效应。

然而，用户在面对个性化推荐时并非完全被动，他们具有一定的主动性。用户可以通过主动提供反馈、探索新内容等方式来影响算法推荐结果，从而在一定程度上打破信息茧房的限制。

（六）AIGC影像作品

AIGC影像作品的起步阶段主要集中在AI技术的基础应用上。2000年代初，计算机图像处理技术和机器学习算法的初步应用开始为艺术创作提供新的可能性。此时的AI影像作品多为实验性，重点在于探索AI如何参与图像生成与处理。这一时期的代表性作品包括由AI生成的数字艺术图像。尽管技术仍处于初级阶段，但这些作品为AI在艺术领域的应用奠定了基础。

2014年，生成对抗网络（Generative Adversarial Networks，GAN）的提出成为AI影像作品发展的重要里程碑。GAN的出现使得机器能够生成高质量的合成图像，标志着AI在艺术创作中的重要突破。2014年以来，深度学习算法的进步使得AI影像作品的质量大幅提升。艺术家们开始使用深度学习技术进行风格迁移、图像增强和创意生成。2020年至今，随着AI工具和平台的普及，更多艺术家和创作者开始使用AI进行艺术创作。各种开源的AI艺术工具使得AI影像创作变得更加便捷，各个视频平台设立了专门的AI艺术创作栏目，展示AI生成的影像作品，并定期组织相关的线上展览。

在国内，随着传统媒体平台和一线影视公司的入局，微短剧在制作层面上展现出了显著的专业性提升，而AI微短剧突出的“小而美”更有利于“降本增效”。同时，随着更具开放性、操作性的AIGC制作手段的不断出现，让更多普通用户参与到内容创作的队伍中来，由此也使得UGC成为一股不容忽视的力量。一些兼具实验性、趣味性的叙事短片作品通过国内外各个AIGC创作竞赛或奖项，开始进入人们的视野，也将为AIGC微短剧提供创意来源。

你是否曾经看过一些AI生成的影像作品？它们在视觉效果和制作水准上有何区别？

（七）“数字人”直播

随着人工智能技术的发展，从“官方”走向“个人”的直播甚至逐渐淡化了“人”的因素，取而代之的是“数字人”。

从根本上说，“数字人”仅是AI所处理的模型和素材之一，但如果文本、嘴型、神态、动作等模块都能在AIGC的加持下即时生成，那么“数字人+直播带货”便顺理成章地成为当前直播领域的前沿应用，甚至在可预见的未来将改变整个直播行业的发展生态。

当前，“数字人”相关的AI技术手段，不仅仅被应用于直播领域，一种“AI复活技术”应运而生。AI复活技术，从字面上理解，指的是利用AI技术来模拟或再现已经去世的人的形象、声音乃至某种程度的交互能力，从而给人一种“复活”的错觉。在技术实现上，这通常涉及多个方面的结合，包括但不限于：

（1）影像重建技术，通过高清修复、动态渲染等技术手段，将静态照片或影像转化为动态图像。

（2）语音合成技术，模拟逝者的声音，使其能够“说话”。

（3）动画生成技术，使逝者的形象能够做出各种动作，增加逼真度。

（4）人机交互技术，在更高级的阶段，实现与逝者的某种形式的交互，比如聊天机器人或语音助手。

对于使用者来说，真人直播与“数字人”直播在体验方面有何不同？

你认为“数字人”直播在哪些方面和领域能够替代真人直播？而在哪些方面不能？

在“数字人”等技术的冲击下，直播行业未来将朝哪方面发展？

三、媒体类型演进与中国互联网文化变迁

自 1997 年中国步入互联网时代，逐步发展出第一代门户网站以来，到 2017 年短视频行业的崛起，再到 2023 年前后生成式人工智能为互联网带来崭新的发展前景，互联网在中国已走过了二十年的发展历程。在这期间，互联网以传统媒介时代难以想象的速度和规模，塑造了当下繁荣的数字景观。伴随着互联网技术的快速演变，丰富多样的互联网文化形态也随之涌现，重塑了人际交往方式和社会认知结构，并对中国社会文化产生了深远的影响。

借助于互联网的各种新媒体类型与媒介形态的变化，推动了多种互联网文化形态的出现。有学者认为，从媒体类型与形态的演进可以观察到中国互联网文化的变迁历程，且至少出现了三个阶段的互联网文化形态：

首先，电子公告板系统（BBS）文化为中国原生互联网文化的早期代表。这一阶段的互联网文化，得益于论坛作为公共空间，释放了大众的话语权，标志着互联网文化形态的初步发展。社区文化尽管展示了互联网媒介赋权个人的能动性，但它依然在某种程度上延续了传统媒介的“精英”特征，是一种让渡性文化，而非真正意义上完全属于互联网的新文化。

其次，社交媒体（SNS）文化的兴起则进一步深化了互联网文化的复杂性和分化。通过构建虚拟社区，社交媒体不仅为用户提供了超越现实社会身份的主体角色，还重构了互联网社交的舆论生态。人们在社交媒体中借助新的虚拟身份，参与社会讨论，推动了网络文化的进一步多样化发展。

最后，短视频文化作为当下互联网文化的一个新兴代表，打破了传统的长视频叙事结构。与蒙太奇等传统叙事语法不同，短视频更注重空间视觉的碎片化表达，通过快速捕捉图像和声音，形成了独特的传播方式。然而，这种高度碎片化的内容生产模式，也颠覆了传统视听艺术讲求“秩序”的逻辑，挑战了以长视频为代表的视听规律，标志着互联网文化在技术和表达方式上的深刻变革。

有学者指出，互联网的迅速发展不仅对中国的媒体类型产生了重大影响，还引发了社会结构的广泛变迁。互联网经济的兴起推动了中国经济结构的转型，以普通网民为主体的网络权力结构改变了社会的政治形态，而互联网文化的创造和传播则深刻影响了中国的文化结构。在文化层面，网络空间中普通网民的“缺场交往”成为互联网文化变迁的一个重要特征。这种交往形式不仅孕育了互联网时代的感性文化符号，也塑造了当代信息时代独特的价值观。

可预见的是，随着人工智能和数智时代的迅速到来，中国的互联网文化正在迎来新一轮的深刻变革，这些变化不仅仅是对现有互联网形态的延续与发展，更是在技术、社会和文化层面的全方位重塑。

课堂讨论

人工智能赋能的数智媒体新类型、新形态的不断涌现，会对国内互联网文化继续产生怎样的根本性影响呢？

本讲小结

1. 各种新媒体类型的历史，既是纵向的代际演变，也是技术对局限性的不断修正。

2. 人工智能的到来为各个类型的新媒体带来新生，并将其转变为“数智媒体”诸类型，在内容形态上与过去相似而不同。

3. 从对社会文化的影响来说，“新”的新媒体并不意味着一定是更“优”的。

参考文献

张国涛，李若琪．网络微短剧的本体思考：溯源、回归、再构［J］．中国电视，2024（1）：27－33.

秋叶，刘勇．新媒体营销概论［M］．北京：人民邮电出版社，2016.

常江．“成年的消逝”：中国原生互联网文化形态的变迁［J］．学习与探索，2017（7）：154－159＋192.

宋辰婷．当代中国网络社会结构变迁研究［J］．福建论坛（人文社会科学版），2019（1）：178－186.

第四讲　数智媒体条件下的受众与舆情

在当今这个信息爆炸的时代，有学者提出，我们正生活在一个可被界定为“后真相”的时代。

所谓“后”的前缀，一般指的是对后面跟着的词汇的超越。而“后真相”这一术语深刻地揭示了当下社会的一个核心特征：“真相”这一概念似乎已遁形无踪，不再是公众讨论的焦点，甚至在各类网络新媒体的广泛渗透和影响下，事实本身已被海量的“拟像”——那些经过精心包装、编辑甚至篡改的信息片段取代。这些“拟像”以其高度的吸引力和传播力，往往比真实事件本身更能引起公众的关注和热议。

“拟像”

拟像，也称为类像或仿像，指的是通过复制、模仿或模拟真实世界中的事物或现象而产生的图像或表象。这些图像并非真实事物的直接反映，而是经过人为加工、改造和重构，因此常带有虚构性、夸张性或误导性。在现代社会中，拟像无处不在，广泛应用于广告、媒体和日常生活中的各种仿真品中。

“后真相”时代的形成，很大程度上源于互联网新媒体的迅猛发展。社交媒体、即时通信工具、短视频平台等新兴媒介形态，以其便捷性、即时性和互动性，极大地丰富了信息的传播渠道和速度，但同时也为虚假信息、误导性内容的快速扩散提供了温床。在信息过载的环境下，公众往往难以分辨哪些是经过核实的真实信息，哪些是为了吸引眼球而刻意夸大或编造的“拟像”。这种现状不仅模糊了事实与虚构之间的界限，也挑战着人们对于“真相”的传统认知和理解。

“后真相”时代

后真相时代是指一个信息传播和公众认知过程中，情感、观点和立场往往比客观事实更能影响舆论和决策的时代，在这个时代里，真相虽然存在，但在信息传播中常常被边缘化或忽视，取而代之的是情感化的表达、个人信念的强化以及对立观点的极化。

“后真相”（Post-truth）这一概念最早由美国作家凯伊斯在2004年提出，用于描述新闻报道中模糊陈述对真实性的冲击。随后，传播学者大卫·罗伯茨在2010年提出了“后真相政治”的概念，指出在政治领域，事实真相往往被政客们的话语权和情感操纵所掩盖。2016年，《牛津字典》将“后真相”选为年度词汇，标志着这一概念正式进入大众视野，并广泛应用于社会各个领域。

“后真相”的互联网信息传播与社会心理呈现出以下特征：

（1）情感驱动。在后真相时代，公众情绪成为影响舆论和决策的关键因素。情感化的表达往往比客观事实更能引起共鸣和关注。

（2）信息碎片化。社交媒体和互联网的发展使得信息获取渠道多样且碎片化，公众难以全面、客观地了解事件全貌。

（3）立场极化。不同立场和观点的人群更加固化，倾向于选择与自己观点相符的信息，排斥相反意见，导致社会分裂和对抗加剧。

（4）事实核查缺失。在信息爆炸的时代，事实核查变得尤为重要但也异常困难。部分媒体和个人为了追求流量和关注度，不惜发布未经核实的信息或假新闻。

鉴于此，当我们已经无法割舍在互联网环境下所形成的“数字化生存”方式时，如何重新审视“事实”“真相”以及我们对它们的认知与理解，便成了一个亟待深入探讨的问题。在“数字化生存”模式下，每个人都既是信息的接收者也是传播者，这要求我们不仅要具备批判性思维，学会从纷繁复杂的信息中筛选出有价值、可信赖的内容，还要培养起对信息来源的审慎态度，不轻易相信未经证实的消息。

课堂讨论

最近一段时间，互联网上出现了哪些热门话题或社会新闻？

有哪些内容的真相显得“扑朔迷离”，甚至“一波三折”？

本讲内容我们将首先探讨这些“看法与理解”，即“舆论”，继而分析网络新媒体时代的舆论舆情特点，进而从具体的案例入手，分析一些独具特色的网络谣言、舆情现象，从而思考我们作为受众、用户与传播者的伦理问题。最后，基于数智媒体时代的信息传播方式，思考关于人工智能等新技术条件下信息传播的真实性问题，及其对当代互联网文化的影响。

一、舆论与公众

（一）什么是“舆论”

“舆论”这个词汇由“公众”+“意见”两部分构成，“舆”即公众，“论”即意见。这个中文词汇的对应英文概念是“public opinion”，字面翻译过来可以叫“公意”，也是同样的构成方式。

在西方，舆论（Public opinion）这个概念出现之初是18世纪，当时就包含与现实的权力相对应的理念。启蒙运动的代表人物卢梭（Jean－Jacques Rousseau，1712—1778）提出了“舆论”一词。他在《社会契约论》中首次将“公众”与“意见”组成一个概念，即舆论（法文Opinino publique），并认为这种“公意”是主权的所在，是国家的基础，也构成社会所有成员都具有效力的道德标准。

在中国，“舆论”一词最早出现在《三国志》中。《魏·王朗传》有言：“设其傲狠，殊无入志，惧彼舆论之未畅者，并怀伊邑。”

中文中的“舆”原指的是“抬轿子的人”，古代抬轿子的人相对于坐轿子的人，卑尊立现，而后泛指民众、一般老百姓。“论”字则指的是观点、意见等。但是古代的“舆论”概念，虽则也指“民众的意见”，却与现代的内涵差距巨大，没有包含人民主权的含义。

马克思、恩格斯将舆论视为一股“力量”或“权力”（Macht），即认识到舆论的三方面力量。可见，关于“舆论”的认识本身就是历史性的、丰富的。

马克思和恩格斯对于“舆论”的认识

马克思和恩格斯在多部著作中都对舆论进行了深入论述，如《摩泽尔记者的辩护》《神圣家族》《科隆市民关于继续出版〈莱茵报〉的请愿书》等。在这些著作中，他们不仅分析了舆论的本质和特征，还探讨了舆论的社会作用和影响。

关于舆论的本质，马克思和恩格斯认为，舆论首先是人的实践的产物。它是在具体实践活动过程中产生的，且与人的实践活动相适应。有什么样的实践，就会产生什么样的舆论。正如他们所言：“他们自己将做出他们自己的实践，并且造成他们的与此相适应的关于个人实践的社会舆论。”

其次，舆论是社会成员意见的集合。舆论作为“许多个人意见的集合点”，是社会成员“表达一种思想的喉舌”。这种“思想的喉舌”的载体主要是报刊等媒体。舆论反映了社会成员的意志、意见等，成为社会成员“心理的一般状态”的反映，即“公众舆论”。

此外，舆论是社会成员力量的展示。它不仅是意见的集合，更是社会成员力量的展示。它反映了社会成员的心理状态和力量，展示了社会成员通过舆论来表达其原则立场、利益诉求、价值观等的能力。舆论的形成过程也是社会成员心理状态的发生发展过程，在舆论力量所释放出来的巨大影响力和行动力的作用下，社会成员的舆论活动有可能达到预期目的。

马克思和恩格斯指出，舆论具有制约力量、推动力量和社会监督的社会功能。舆论能够在一定程度上监督和制约政治权力，防止权力的滥用和腐败。舆论能够反映社会成员的共同意志和利益诉求，为立法提供重要的参考和依据，推动立法的进步和完善。舆论也能够对社会行为进行监督和评价，维护社会的公平和正义。

然而，马克思和恩格斯在看到舆论感性及非理性一面的同时，也认识到舆论客观、理性及推动社会进步的另一面。他们指出，舆论在某些情况下容易被操纵和利用，但更重要的是，舆论在理性条件下能够发挥巨大的社会作用。他们强调要警惕资产阶级利用舆论的盲目性操纵大众，并主张工人阶级要通过舆论斗争来争取自身解放。

基于马克思和恩格斯所生活的历史时期，他们主要将报刊作为舆论的重要载体和传播工具。他们强调报刊要维护人民群众的真正的物质利益，反映和引导社会舆论。他们认为，革命报刊是一种重要的思想传播媒介，通过它可以宣传和捍卫革命真理，批判和驳斥敌对党的思想观点，从而在群众中竖起一面思想旗帜。

现代意义上的舆论的定义，可以被归纳为：“舆论是公众关于现实社会以及社会中的各种现象、问题所表达的信念、态度、意见和情绪表达的总和，具有相对的一致性、强烈程度和持续性，对社会发展及有关事态的进程产生影响。其中混杂着立志和非理智的成分。”（孟小平－陈力丹的定义）

这个定义涉及了舆论的以下八个要素。

（1）舆论的主体：公众。

（2）舆论的客体：现实社会和各种社会现象、问题。

（3）舆论本身：信念、态度、意见和情绪表现的总和。

（4）舆论的数量：一致性强度。

（5）舆论的强度。

（6）舆论的持续性：存在时间。

（7）舆论对客体的影响。

（8）舆论的质量：理智与非理智。

值得一提的是，“舆论”与“舆情”这两个概念的内涵与外延略有不同，但有时在具体的使用中又会混用。

舆情是“舆论情况”的简称，是指在一定的社会空间内，围绕中介性社会事件的发生、发展和变化，作为主体的民众对作为客体的社会管理者、企业、个人及其他各类组织及其政治、社会、道德等方面的取向产生和持有的社会态度。

相比较而言，舆论更侧重于公众对特定社会公共事务的公开意见和态度，而舆情则更广泛地关注民众对社会各个方面问题的情绪反应和意见倾向。两者相互补充，共同构成了新闻传播学领域中关于公众意见和情绪研究的重要内容。

从关系上说，舆论和舆情是一对从属概念，舆论包含了舆情，舆情是舆论的具“情况”表现。在本讲内容中，我们暂且将“舆情”视为舆论的具体的、阶段性的呈现情况。

（二）网络舆论主体与“沉默的螺旋”

如果说舆论的主体是“公众”，那么在互联网与新媒体的大众传播语境下，这些“公众”就对应成为“网民”。但正如公众一词本身并不是铁板一块的那样，网民的构成也是千差万别，从而导致了互联网环境下的“网络舆论”在新的传播模式下风起云涌。

如果比较传统媒体环境下的“舆论”与新媒体环境下的“网络舆论”的区别，从一个传播学中的关键理论入手也许颇为直观，那就是“沉默的螺旋”。

理论参考

“沉默的螺旋”理论

“沉默的螺旋”理论是一个政治学和大众传播理论，由德国学者伊丽莎白·诺埃尔—诺伊曼在《沉默的螺旋：舆论——我们的社会皮肤》一书中提出。该理论描述了人们在表达自己的想法和观点时的一种社会心理现象：当个体感到自己的意见属于少数派时，为了避免被孤立，他们可能会选择保持沉默，不公开表达自己的观点；而当个体感到自己的意见与大多数人一致时，他们则更倾向于大胆表达。这种现象导致了一方意见越来越强大，另一方意见越来越沉默的螺旋式发展过程。

对于新闻传播机构和政府来说，“沉默的螺旋”理论提供了一种有效的舆论引导策略。合理引导和调控媒体报道和舆论氛围，可以促使公众形成更加理性和客观的看法和态度。同时，也需要注意尊重和保护少数派意见的表达权利，避免因为过度强调一致性而压制不同声音。“沉默的螺旋”理论为我们理解舆论的形成、媒介的影响以及舆论引导策略提供了有益的视角和启示。同时，我们也需要关注互联网环境下的新特点和新挑战，不断完善和发展该理论以适应时代的变化。

“沉默的螺旋”（The spiral of silence）概念最早于1974年由诺依曼提出，她于1960年代中期留意到，在联邦德国的议会选举现象中，尽管竞选双方在长期不相上下的胶着状态中，但在投票之际却出现了“舆论一边倒”的现象。

对此，诺依曼提出的“沉默的螺旋”假说，由以下三个命题构成：

（1）个人意见的表明是一个社会心理过程。因此，发现自己属于持“少数”或“劣势”意见者，一般会屈从于环境压力而愈发沉默甚至附和。

（2）意见的表明和“沉默”的扩展是一个螺旋式的社会传播过程。这将导致持“多数”或“优势”意见者的舆论增势。

（3）大众传播通过营造“意见环境”来影响和制约舆论。大众传播通过信息传播的方式营造意见环境，施加压力。

“沉默的螺旋”理论是从社会心理学的视角来把握舆论现象。从这一视角来看，所谓“舆论”，与其说是“公众意见”，不如说是“公开的意见”。简言之，只有那些“被认为是多数人共有的、能够在公开场合公开表明”的意见才能成为舆论——“一种意见一旦具备了这种性质就会产生一种强制力——公开与之唱反调就会陷入孤立状态，就有遭受社会制裁的危险，为了免于这种制裁，人们只有在公开的言行中避免与其发生冲突”。用诺依曼本人的话来形容，是“舆论——我们的社会皮肤”。

课堂讨论

在互联网时代，当个人公开发表与传播意见的方式更加便捷，“沉默的螺旋”现象是加强还是减弱了呢？

在互联网上，一个与“社会皮肤”相对应的词汇，大概是“键盘侠”。所谓“网络喷子”和“键盘侠”，是我们民间对活跃于互联网上、发表较为激烈观点言论的个体的形容。

这些现象也说明，在当代互联网环境下，“沉默的螺旋”现象呈现出以下新特点。

（1）匿名性与表达自由：互联网的匿名性为公众提供了更大的表达自由空间，但也可能导致一些不负责任的言论和攻击性行为的出现。这在一定程度上挑战了“沉默的螺旋”理论中的“害怕孤立”假设。

（2）意见领袖的作用：在互联网上，意见领袖的影响力更加突出。他们的观点往往能够迅速传播并影响大量网民的看法和态度。因此，在分析互联网舆论时，需要特别关注意见领袖的作用和影响。

（3）群体极化现象：互联网上的群体极化现象也是“沉默的螺旋”理论在互联网环境下的一种表现。当某一观点在群体内部得到强化时，持不同意见的个体可能会因为感受到压力而选择离开群体或保持沉默，从而导致群体内部观点的极端化。

二、新媒体环境下网络舆情的特点

（一）公信力与舆论场

我们从小听过《狼来了》的童话故事：撒谎的孩子喊了两次“狼来了”，闻讯赶来的大人发现这不过是戏弄他们的把戏，于是当狼真的来了，孩子无论怎么呼救也没有人再相信他。如果说“狼来了”的故事是一则寓言，但仅限于“个人”，那么对于“公众”“公共”或者具体到“公权力”，也有另一个相似的概念——“塔西佗陷阱”。

理论参考

塔西佗陷阱

“塔西佗陷阱”得名于古罗马时代的历史学家塔西佗，这一概念最初源自塔西佗在其著作《塔西佗历史》中对罗马皇帝尼禄及其继任者迦尔巴统治的评价，提出了这一见解。

塔西佗观察到，当皇帝成为人民憎恨的对象时，他做的好事和坏事都会同样引起人们的厌恶。具体而言，迦尔巴在处理叛乱将领时的决策引发了民众的不满，使得他后来的行为无论好坏都难以获得民众的认可。

这一概念后来被引申为一种社会政治现象，即当一个社会机构（如政府、组织或部门）失去公信力时，无论其说真话还是假话，做好事还是坏事，都不会得到人们的信任，反而被认为是在说假话、做坏事。

“塔西佗陷阱”本是一个政治学理论，得名于古罗马历史学家塔西佗，意指倘若公权力失去公信力，无论其如何发言或做任何事，社会均将给予其负面评价，会不相信它的说法。可以说，这一理论指出了公权力与公信力的关系，并与我们前面所说的“舆论”有着根本性的关联。

随着中国社会的转型和改革进入“深水区”，当前的“舆论场”，或者叫作“意见场”已经发生了根本性变化。舆论场在新媒体时代较之传统媒体时代变得更加复杂。因此，基于崭新的舆论场与舆论环境，为公信力的建立提出了挑战。

（二）突发事件与网络舆情

在移动互联网时代，社会面发生的突发事件是激发网络舆情的重要因素。突发事件的难以预测性、与人们的生命财产密切相关形成的高度参与性、网络舆论传播效应聚焦性三者结合在一起，增加了网络舆论传播的无序性、不确定风险，容易形成巨大的舆论风暴，扩大突发事件的影响，进而对社会产生不良影响。

相较传统社会舆情，网络舆情具有信息多元化、表达快捷化、主体虚拟化等特点。网络舆情治理是突发事件应急管理过程中的重要组成部分。

相关案例

“表哥”杨某与网络反腐（2012年）

2012年8月26日，陕西省包茂高速安塞段发生一起特别重大道路交通事故，造成36人死亡。在事故现场，时任陕西省安监局局长的杨某因面带微笑出现在镜头前，这一不当行为迅速引发了网友的愤怒和质疑。随后，网友通过“人肉搜索”发现杨某在不同场合佩戴多块名表，进一步加剧了公众的愤怒和猜疑，杨某因此被戏称为“微笑局长”“表哥”。

1. 案件始末

2012年9月21日，鉴于杨某在“8·26”特别重大道路交通事故现场“笑脸”的不当行为和佩戴多块名表等问题，陕西省纪委高度关注，及时进行了认真调查。2013年8月27日，陕西省西安市中级人民法院定于2013年8月30日9时30分在3号法庭公开开庭审理被告人杨某受贿、巨额财产来源不明一案。2013年9月5日，陕西省西安市中级人民法院对杨某案做出宣判，杨某因犯受贿罪、巨额财产来源不明罪，两罪并罚，被一审判处有期徒刑14年。

2. 网络舆情发展阶段

阶段一：“笑脸”。2012年8月26日，陕西省包茂高速安塞段发生特大交通事故。事件发生初期，主流媒体首先报道了交通事故的惨状，但杨某的微笑照片尚未引起广泛关注。但其中一张新闻图片拍摄到杨某面带微笑出现在事故现场，网友“JadeCong”在微博上首次指出事故现场官员的微笑，并附上截图，这一微博迅速被转发，形成了强烈的对比和舆论关注点。

阶段二：“表哥”。随后，网友“百姓大于天”爆料涉事官员为杨某，网友“卫庄”等相继曝光杨某佩戴名表的照片，引发“鉴表”热潮，随后这位“微笑局长”在不同场合佩戴多块名牌手表的图片在互联网上被广泛转载。杨某在微博上回应称自己只有5块手表，但这一回应未能平息质疑，反而激发了更多网友的“揭发”行动，杨某的“表哥”标签深入人心。

阶段三：网民热议与舆论发酵。随着微博意见领袖和权威媒体的介入，如《南京日报》《钱江晚报》等刊发相关评论文章，舆论进一步发酵。网友不仅关注杨某的手表，还延伸到他的眼镜、皮带等昂贵饰物，质疑其财产来源合法性。

阶段四：反腐倡廉。2012年9月21日，从陕西省纪委了解到，鉴于陕西省安监局党组书记、局长杨某在“8·26”特别重大道路交通事故现场“笑脸”的不当行为和佩戴多块名表等问题，陕西省纪委高度关注，及时进行了认真调查。陕西省纪委宣布对杨某进行调查，并随后撤销其职务，这一官方回应加剧了舆论的高潮。

网友持续追问调查结果，要求公开透明处理。随着杨某被正式立案调查并最终获刑，舆论逐渐平息。但此事件仍作为网络反腐的典型案例被反复提及。

案例出处：中国法院网. 网络反腐：舞好监督“双刃剑”［EB/OL］.（2013－03－09）［2024－10－05］. https://www.chinacourt.org/article/detail/2013/03/id/907643.shtml.

从上述案例的网络舆论发酵过程可见，网络舆论的爆发和持续关注，为事件的迅速发酵和深入调查提供了强大的动力。而网友通过“人肉搜索”、曝光信息等方式，对杨某的行为进行了广泛的监督，形成了强大的舆论压力。此事件展示了网络反腐的巨大威力，促使有关部门更加重视网络舆情，加强反腐工作。

（三）网络“季节性舆情”

1. 定义与特征

所谓网络“季节性舆情”，是指在互联网上周期性流行且呈现出很强的季节性特征的社会问题集合，是网络舆情的重要组成部分。归纳来说，其“季节性”具体表现为以下特征。

1）网络“季节性舆情”具有很强的周期性

网络“季节性舆情”的周期性爆发规律，能够提高相关部门对舆情应对的预见性，有利于提前进行客观、全面、科学地研判和监测，从而把握各地“季节性舆情”的发展趋势，引导其向积极方向发展。同时，网络“季节性舆情”的可预见性特征在为有关部门提供极大便利的同时，也存在一定消极影响。例如，为不法分子实施犯罪行为和传播不良信息提供了绝佳机会，容易成为不法分子歪曲事实、煽动群众的“温床”，影响社会舆论环境，危害政府公信力和权威性。若不及时监管，极易引发社会群体性事件。

2）网络“季节性舆情”具有很强的可预见性

一是某类“季节性舆情”的反复爆发，往往会给网民形成“社会症结”“制度缺陷”“体制问题”等假象，引发网民的悲观情绪和消极思想，进而影响政府的公信力。这类舆情的深度破坏性又极易被相关部门忽视。二是在一段时期内反复发生类似的事件，形成大量的社会负面报道，又会增加人们的社会不安感，给网络空间治理、社会治理增加难度，如果不加以控制，会造成难以想象的后果。

3）网络“季节性舆情”易引发网民的悲观情绪

首先是某类“季节性舆情”的反复爆发，往往会给网民形成“社会症结”“制度缺陷”“体制问题”等假象，引发网民的悲观情绪和消极思想，进而影响政府的公信力。这类舆情的深度破坏性又极易被相关部门忽视。其次是在一段时期内反复发生类似的事件，形成大量的社会负面报道，又会增加人们的社会不安感，给网络空间治理、社会治理增加难度，如果不加以控制，会造成难以想象的后果。

4）网络“季节性舆情”凸显青年群体民意

网络世界里存在着明显的知识鸿沟、技术鸿沟，尤其是在各类热点事件的评论中，青年人占的比重非常高。这直接造成舆论的偏向性、情绪化，青年民意在一定程度上替代了整个社会的民意。因此，深入研判“季节性舆情”，要注重把握青年群体的情感倾向。因为，我国的网络更多地代表了青年人的思想动向，如果能够及时了解青年人的想法，就能够找到一条治理网络舆情的路径。

5）网络“季节性舆情”分布多平台并行

当前，各地网络舆情的产生平台主要集中在微博、微信、博客和天涯论坛上，并形成了以微博为主，多平台并行发布的态势。这是因为微博作为新媒体，具有传播速度快、影响大、波及范围广等优势。在人人都是信息传播者的时代，微博自然成为舆情事件信息发布的重要平台，成为舆情的发源地。

“海南天价机票”

2024年春节期间，尤其是春节假期接近尾声时，海南三亚作为热门旅游胜地迎来了返程高峰。由于大雾天气导致琼州海峡海运受阻，加之飞机运力紧张，进出海南的机票价格急剧上涨，部分航线机票价格甚至突破万元，引发了广泛关注。这一“天价机票”现象迅速成为网络舆论的焦点。

事件初期，社交媒体和新闻网站开始报道“天价机票”现象，使用“机票暴涨”“垄断定价”“趁雾打劫”等词汇，迅速激发了公众的愤怒和不满。

随着舆论的不断发酵，越来越多的媒体和网友关注此事，相关报道和讨论迅速扩散至全国范围。负面舆论倾向明显，不少网友指责航空公司利用垄断地位哄抬票价，政府监管部门不作为等。同时，也有部分网友开始理性分析，指出机票价格高涨背后的供需关系、市场机制等因素。

舆论关注达到顶峰，形成全民共同聚焦的发展态势。多家主流媒体跟进报道，深入调查“天价机票”事件的真相。海南省政府及相关部门开始积极回应舆论关切，采取一系列措施缓解机票紧张情况。航空公司也相继发声，澄清部分高价机票为全价公务舱，并非普遍现象，并承诺将增加运力投放，满足旅客需求。

随着春运的结束、机票价格回落以及各方回应的落实，舆论关注逐渐减弱。媒体和网友开始关注其他社会热点事件，“天价机票”事件逐渐淡出公众视野。

案例出处：中国新闻网. 海南文旅部门回应出岛机票紧张情况：正积极协调增加运力［EB/OL］.（2024－02－14）［2024－10－08］. https://www.chinanews.com.cn/sh/2024/02-14/10163728.shtml.

“海南天价机票”是典型的网络季节性舆情，具备上述各个特征，尤其是“周期性”流行的特征。在2024年以前，在2018年春节期间也曾出现过相类似的网络舆情。那么，网络季节性舆情的形成原因有哪些呢？

2. 形成原因

（1）从空间维度分析，网络“季节性舆情”的生成与我们所处的地域环境有关。

我国幅员辽阔、人口众多，不同地域之间的生活习惯、公民性格、社会矛盾等均存在很大差异，这就在客观上为“季节性舆情”烙上了“地域性”的特征。一方面，地域环境决定了“季节性舆情”的形成方向。例如，在旅游资源较为丰富的城市，进入旅游旺季后，舆情往往以“旅游类”为主，如“宰客”、黑导游、交通问题等；在工业比较发达的城市，往往容易爆发“环境污染类”舆情；在外来务工人员较多的城市，容易爆发的舆情主要涉及“欠薪”“劳务争端”等。另一方面，地域环境决定了“季节性舆情”的内容，而不同的地域环境与此类舆情的生成具有明显的关联性。例如，在旅游旺季，一些历史名胜旅游区几乎每年都会爆发不文明旅游的舆情，如“乱刻乱画”关涉的国民素质等；一些野外旅游区，由于远离城镇、缺乏便利的交通，常常爆发的“安全类舆情”；在饮食资源丰富、小吃众多、临海城市等旅游景区，常常发生“宰客”等舆情。

（2）从时间角度理解，网络“季节性舆情”的生成与某段时间内人们热议和关注的事件密不可分。

一是公众的出行规律和出行方向影响“季节性舆情”的生成。例如，公众在春运、节假日等特定时间段内的大规模流动，会引起整个社会的广泛关注，在这一时期容易发生相关舆情，且呈现出规律性的生成与消解特征。二是自然灾害影响“季节性舆情”的生成。例如，在每年容易发生自然灾害的季节，造成人员伤亡、经济损失，都会引发社会和媒体的广泛关注，极易产生“季节性舆情”。三是国家政策法规的推行影响“季节性舆情”的生成。例如，“八项规定”出台后的几年，公众较为关心“公款吃喝”“三公经费”等问题，此类舆情往往反复发生；随着“反腐风暴”的持续深入，其又引发了公众对于此类热点事件的关注等。

（3）互联网的发展，为网络“季节性舆情”的产生提供了巨大的空间和潜力。

一是网络节日与舆情的发生密切相关。伴随着互联网的飞速发展和新媒体的崛起，基于各种商业目的、品牌推广的“网络节日”逐渐出现在公众生活中。例如，在互联网经济中演变和生成的“双十一”购物节，就引发了公众的关注和参与。二是网络社群的活动规律与舆情密切相关。随着互联网与人们生活、兴趣、爱好、职业等的关联度越来越强，这种网络社群具有极强的引导舆论、制造舆论的能力。为了提高知名度、扩大参与面，这些网络社群又会通过制造各种“热点事件”，吸引受众的关注，这在客观上又形成了具有网络社群特质的“季节性舆情”。

相关案例

“江西天价彩礼”

“江西天价彩礼”事件最初起源于知乎平台上的一个匿名回答。该回答中，一位自称是上海“土著”中产的匿名用户声称，在国外留学期间认识了一位来自江西萍乡的女友，两人相处三四年后准备结婚，却遭遇了女方家庭提出的1888万元天价彩礼、数千万元房产过户到女方名下、女方上百个亲戚每人给10万元红包等不合理要求。这一夸张的数字迅速在网络上引发轩然大波，吸引了大量关注和讨论。

该匿名回答在知乎发布后，迅速引起网友们的热议。许多人对江西彩礼的高昂表示惊讶和质疑，同时也有人对事件的真实性提出怀疑。这一话题很快登上微博热搜，成为公众关注的焦点。随着事件热度的不断攀升，越来越多的网友参与到讨论中来。一些人分享了自己或身边人关于彩礼的经历和看法，使得讨论更加多元和深入。同时，也有媒体和自媒体开始介入报道，进一步扩大了事件的影响力。

不久后，该匿名用户发布了致歉声明，承认自己的回答系杜撰，并向网友和萍乡当地政府致歉。知乎平台也对该用户账号进行了永久封禁处理。这一反转使得舆论风向发生转变，部分网友开始指责造谣者，并要求追究其法律责任。尽管事件本身已被证实为虚构，但“江西天价彩礼”的话题并未因此平息。相反，它引发了更多关于彩礼问题的深入讨论和思考。江西地方政府也借此机会加大了对高价彩礼的整治力度，出台了一系列政策措施。

网络舆论的迅速传播使得“江西天价彩礼”事件在短时间内成为公众关注的焦点。这不仅提高了公众对于高价彩礼问题的关注度，也促使相关部门迅速介入处理。江西省民政厅联合多个部门印发了《关于农村婚嫁彩礼专项治理若干措施》等重要文件，明确提出将当地农村居民人均可支配收入的三倍作为衡量合理彩礼额度的上限标准。各地政府也积极响应并细化出台了针对性的彩礼治理方案。为了从根本上改变高价彩礼的社会风气，江西多地政府开展了形式多样的宣传教育活动。部分地方政府还设立了举报渠道和受理单位，鼓励公众对高价彩礼行为进行监督和举报。同时，也通过设立道德红黑榜等方式对高价彩礼行为进行公示和警示。

案例出处：江西省人民政府. 治理高价彩礼等陋习成效如何？民政部回应［EB/OL］.（2022－09－09）［2024－10－11］. https://www.jiangxi.gov.cn/art/2022/9/9/art_5210_4138441.html.

“江西天价彩礼”事件虽然更符合我们后面要讨论的“谣言”，但是围绕婚恋、婚俗、婚礼的讨论，往往会在包括春节前后的长假出现，混合了季节性舆情的特征。

课堂讨论

近年来你曾在互联网上看到哪些“季节性舆情”？

这些舆情最早在什么时候出现，在周期性重现的过程中又经历了怎样的变化？

3. 治理对策

（1）治理工作前置。要求针对舆情引导的工作由“舆情监测”向“舆情预测”转变，实现由“事发舆情引导”向“舆情引导前置”的转变。

（2）挖掘“沉淀数据”。人们的行为数据化可以沉淀为互联网后台数据，首先能够沉淀下许多可供参考的用户数据，如浏览习惯、关注角度、互动内容、爆发时间等，进而利用数据能构建“舆情模型”。

（3）控制技术研发。锁定所在地区或一定时期内的热点词语，并根据往年的一些关键词排行资料，及时监测热点地区、关键群体的网络动向，及时引导舆论导向。

如何在做好对“季节性舆情”的治理基础上，将其转化为具有正面积极性意义的

舆论？

拓展阅读

杨嫦君，刘彤．网络“季节性舆情”的生成与治理对策研究［J］．传媒，2017（21）：82－84．
易鹏，薛莎．重大突发事件中的网络舆论生态修复：旨趣、价值与机制［J］．理论导刊，2021（12）：77－81＋94．

三、新媒体与网络谣言的传播机制

（一）网络谣言

什么是谣言？一直以来关于谣言的定义很多，心理学、社会学和传播学都有着各自不同的对于谣言的定义。尽管各执一词，多数学者还是对作为传播媒介的谣言存有某些共同的认识，一般都以“未经证实”作为谣言的本质特征。国内关于谣言的研究起步相对较晚，经常被引用的是《现代汉语词典（第7版）》对谣言的解释：“没有事实根据的消息。”

我们一般认为“谣言”对于社会稳定是百害而无一利的，或许还觉得“辟谣”是一劳永逸的事情。然而在民俗学的研究视角当中，有一类“谣言”即便在当代也依然占据着特殊的社会意义，即“都市传说”。相信你或多或少曾通过各种渠道接触过这些版本各异的“传说”，甚至曾经对它们深信不疑。在互联网传播条件下，这些有着漫长的口头传播基础的“都市传说”竟也能改头换面，变成一些广为流传的“网络谣言”，潜藏着一定的社会危害性。

拓展阅读

“都市传说”、谣言与网络谣言

“都市传说”这一概念最早由美国民俗学者扬·哈罗德·布鲁范德（Jan Harold Brunvand）在其撰写的《消失的搭车客：美国都市传说及其意义》（*The Vanishing Hitchhiker: American Urban Legends & Their Meanings*）一书中提出，并随后被广泛传播。一般而言，都市传说是指被当作真实事件在人群中广为流传的现代虚构故事。它们通常具备一些真实且贴近生活的细节，包含有既意料之外却又在情理之中的情节，而且充满了恐怖、警示以及一定的趣味性。这些故事通过人们在传播中的添油加醋，逐渐进化成无数版本，使得其源头往往已经无法追溯，看起来就像是凭空出现一样。

都市传说归根结底是一种谣言，但却在民俗学的意义上展现出社会心理与社会焦虑的背景因素。在互联网信息传播条件下，这些都市传说进一步“迭代”为网络版本的谣言。都市传说与网络谣言之间存在一定的联系，但也有所区别。都市传说更多是基于虚构的故事，虽然它们可能受真实事件启发，但在传播过程中往往被夸张或变形，以符合人们的想象和口味。而网络谣言则更侧重于缺乏事实依据且具有攻击性、目的性的不实信息，它们可能涉及各种领域，如突发敏感事件、公共卫生、食品药品安全等，对网络空间和社会秩序造成不良影响。

然而，有时都市传说在网络传播过程中，由于信息失真或故意编造，也可能演变成网络谣言。特别是当这些传说涉及敏感或引人关注的话题时，更容易被别有用心的人利用，以传播不实信息或达到某种目的。

以下是一些变成网络谣言版本的都市传说及其特点。

1．“割取人体器官”传说

这类传说往往描述犯罪分子在夜间或偏僻地点割取无辜者的器官，用于非法交易。这些故事在传播过程中被不断夸大和变形，引发了公众的恐慌和不安。然而，这些传说大多缺乏事实依据，属于典型的网络谣言。

2．“学童被绑架”传说

这类传说通常涉及学童在上学或放学途中被陌生人绑架的情节。它们利用家长对孩子安全的担忧心理，在网络上迅速传播。然而，这些故事往往缺乏确凿的证据支持，且存在被故意编造以吸引眼球的嫌疑。

3．“地铁幽灵列车”传说

这类传说描述了在某些城市的地铁系统中，存在一列只有特定人群（如有烦恼的淑女）才能乘坐的幽灵列车。这些故事虽然带有一定的神秘色彩和趣味性，但在传播过程中也可能被添油加醋，变成具有攻击性或误导性的网络谣言。

4．“恐怖电话”传说

这类传说涉及接到来自未知号码的恐怖电话或短信，内容往往令人毛骨悚然。这些故事在社交媒体上广泛传播，引发了公众的恐慌和不安。然而，这些电话或短信往往只是恶作剧或虚假信息，属于网络谣言的范畴。

在传播过程中，都市传说有可能演变成网络谣言，对公众造成误导和恐慌。因此，我们需要保持理性思考，不轻信未经证实的消息，共同维护一个清朗的网络空间。

国外学者对网络谣言的研究是建立在对谣言研究的基础上的，而网络谣言是谣言的一种新的特殊形式，它是通过网络媒介而生成并进行传播的谣言。从本质上说，它也是一种“未经证实的信息”，但在借助互联网渠道，却能够获得极高的传播效率和效果，甚至对“线下”的社会生活也能产生危害性的影响。

拓展阅读

姜胜洪．网络谣言的形成、传导与舆情引导机制［J］．重庆社会科学，2012（6）：

12—20.

“线上”的网络谣言经常与“线下”的社会新闻事件集合在一起，并在线上线下均产生一定的负面影响。以下是一则网络谣言案例。

相关案例

2024年5月，中央广播电视总台CCTV—13频道《法治在线》栏目聚焦并报道了成都市某公安分局网络安全保卫大队成功侦破的一起由网络谣言引发的社会热点事件。

5月12日午后，位于四川省成都市某区，一辆黑色“牧马人”吉普车临时停靠路边，65岁的车主罗某下车处理事务。16时左右，张某某经过此地时，不慎触碰并拍打了罗某的车辆，这一幕恰巧被罗某目睹，双方随即因赔偿事宜发生争执。争执过程中，罗某与张某某均言辞激烈，加之现场部分围观者听风就是雨，未经核实便以图文、直播等形式，在网络上散布诸多未经证实的“传言”。其中，“车主儿子是市长”的谣言流传最广，引发了大量不明真相群众的围观。那么，这起事件的真相究竟如何呢?

经过深入调查，警方发现，事发当日，张某在未加核实的情况下，擅自将现场图片、视频发布至网络，并配以“老太太声称她儿子是市长”的文字说明。首条贴文发布后，网友的热烈反响让张某倍感“成就”，于是他进一步整合收集到的“不实传言”，制作成24秒的短视频，成为当天各类谣言的主要来源。

随着事件在网络上的持续发酵，越来越多的人专程前往现场进行直播，企图借此吸引眼球、增加流量，导致事件热度不断攀升。其中，一名直播人员饶某某在当晚抵达现场后，通过某直播平台发布了大量不实信息，并煽动网友前往现场聚集增援，直播在线观看人数迅速突破2000人，点赞量高达2.4万余次。

此类捏造并散布网络谣言的行为已涉嫌违反《中华人民共和国治安管理处罚法》。对此，四川省成都市某公安分局网络安全保卫大队迅速行动，第一时间对相关违法行为进行了严厉查处。

2024年5月13日，成都市某公安分局依法对在该起事件中参与编造、传播网络谣言，阻碍执法以及扰乱社会秩序的13名人员作出了行政处罚决定。

案例出处：公安部网安局．公安机关查处网络谣言丨中央电视台新闻频道《法治在线》栏目：街头纠纷 网络谣言推波助［EB/OL］．［2024—10—14］（2024—11—25）．https://mp.weixin.qq.com/s/qsaWg7i1t6tz4pchExhYaw.

课堂讨论

你曾听闻过哪些网络谣言？它们有什么共同特点？又是在怎样的情况下被“辟谣”的？

（二）网络“正能量”谣言

1. 定义与特征

所谓“网络‘正能量’谣言”，指的是在网络谣言的传播生态中，有一类谣言被披上民族精神、人格魅力、尊老爱幼、权威专家等“正能量”的外衣，通过食品、安全、养生等“正能量”话题内容迎合公众趋利避害的心理，利用网民的“正义”“温暖”“情怀”的从善心理和核实意识的缺乏，大肆扩散、转发，其传播速度之快、波及范围之广，对自媒体生态、社会舆论环境、是非价值判断等均造成不小的负面影响。

相关案例

“阿姨不哭”

2014 年 10 月，一条“阿姨不哭”的新闻传遍互联网世界，该新闻讲述一同学看到清洁阿姨一边扫地一边哭，原来是昨晚打扫卫生后，今早又被人弄脏遭到领导批评。

此信息虽然很快被证实为“倡导讲卫生”的“假新闻”，但谣言的传播并没有因辟谣信息的出现而终止，而是演变成了“挖掘机师傅版本”等多种形式。

案例出处：刘彤. 揭开网络“正能量谣言”的画皮［N］. 光明日报，2014－12－27（10）.

“郑春蓉丢孩子”

2014 年中央电视台披露了“郑春蓉丢孩子”挥霍爱心的新闻：一名叫郑春蓉的网友自称“孩子丢失”，虽隔一段时间丢一次，但每次都会吸引爱心网友参与，甚至损失财物。“郑春蓉事件”如同在复制新时代“狼来了的故事”，负面影响极大。

当时，网络上广泛流传着一则署名为“郑春蓉”的帖子，声称其孩子在沈阳某小区被拐走，请求网友扩散并帮助寻找。此帖一出，立刻引发了众多网友的关注和转发，不少热心网友还拨打了帖子中留下的联系电话。然而，沈阳警方迅速回应称，并未接到相关报警，网上信息实为谣传。

回顾整个事件，2014 年 9 月 29 日，沈阳网友 petererliu 首先发帖，描述了孩子被拐的详细情况，并留下了联系人“郑春蓉”的电话号码。随后，这一信息被大量转发，引发了网友的广泛关注和讨论。有网友表示希望尽快找到孩子，但也有网友对这一信息的真实性产生了怀疑。

针对这一网络传言，沈阳警方高度重视，迅速展开调查。经查证，沈阳警方从未接过此类报警，帖子中的信息纯属虚构。警方提醒市民，虽然感谢大家对公安工作的支持与信任，但请务必增强安全防范意识，不要轻信谣言，更不要传播谣言。在遇到类似事件或各种电信诈骗等信息时，应及时与公安机关联系，积极提供线索。

进一步调查发现，这条谣言的扩散范围极广。记者拨打帖子中留下的号码，发现手机主人始终关机。而通过百度搜索该号码，竟然发现“郑春蓉”在全国各地都有孩子丢失的信息发布，并且请求扩散。这些信息的发布量连同网友辟谣的消息多达7000多个。一些网友在拨打这个号码后，愤怒地发现这竟然是一个吸费电话。

这一事件再次提醒我们，网络上的信息有真有假，需谨慎甄别。近年来，网络上经常会有儿童走失请求扩散的帖子或微博微信，其中一些是真实的，但也有一些是虚假的。这些虚假信息不仅会引起不必要的恐慌，还会影响真正丢失孩子的网友对孩子的寻找。

案例出处：刘彤. 揭开网络“正能量谣言”的画皮［N］. 光明日报，2014-12-27（10）.

以上两则网络谣言，拥有谣言的骨架和血肉，却披上了正能量的“画皮”，是典型的伪正能量产物，正日益影响人们的生活。面对网络信息时，请保持理性，增强核实意识，避免盲目转发未经证实的信息，共同维护一个清朗的网络空间。

2. 传播机制

“正能量谣言”充斥在我们社会生活的各个角落，虽然遵循着一般性谣言的规律，但又在内容生成、传播机制和技术特点上表现出鲜明的特征。把握这些规律，对公众深入认识此类谣言具有十分重要的现实意义。

1）从传播内容看：披上“正能量”的外衣

从内容形态上大致可将正能量谣言分为生活常识类、国家政治类、社会问题类、养生健康类等4个类别，相关案例见表4.1。

表4.1 正能量谣言相关案例

类别	典型案例	传播原因
生活常识类	顶花黄瓜抹了避孕药，打蜡的苹果吃了有毒，吃樱桃核会毒死人等	借助公众“宁可信其有”等心理特征
国家政治类	尼泊尔地震救援中“凭中国护照可以机票免费”（实为假新闻）	借助公众“爱国主义情感”等心理特征
社会问题类	某图书馆无墙无门无岗，年终不仅书没有少，而且还多出了6000册；爱心传递熊猫血、捡火车票、宠物认领、寻找初恋女友等	借助公众“相互信任”等心理特征
养生健康类	饭后百步走，能活九十九；人体按时间表来排毒；中药没有副作用可以长期饮用；补充维生素就会健康长寿等	借助公众“健康养生”等心理特征

这些谣言一方面迎合了公众趋利避害的心理；另一方面包裹上民族精神、人格魅力、尊老爱幼、权威专家等元素，从而提升其可信度。

2）从传播机制看：形成“传受一体”的利益格局

传统媒体时代与新媒体时代最大的不同在于“正能量谣言”的传播机制发生了根本性变化，前者是在基于十分狭小的私人空间领域里窃窃私语，后者是直接将“正能量谣言”放诸在公共空间的媒体平台上传播。

第一，传受一体接力传递。即在生成过程中，传受双方互为主体，接力传递。“正能量谣言”始于造谣者，生成于传播者，同时离不开接受者的“信任”与“配合”，在生成过程中，传受双方互为主体，接力传递。由部分别有用心的人制造“正能量谣言”，突出其公益性、爱国情、民族性等容易引发公众集体意识的元素，在特定的时间向互联网推送；拥有较高粉丝量的“意见领袖”，通过转发、评论等形式将“正能量谣言”进行“二次传播”；门户网站、微博平台等将“正能量谣言”进行置顶、热门话题等，使“正能量谣言”在短时间内实现发酵、扩散，成为社会焦点。

第二，相互勾连的利益链条。传播活动中逐渐勾连为一个完整的利益链条：“谣言制造者”提供素材希望得到“意见领袖”转发；“意见领袖”希望借助传递类似“正能量信息”，展现自身的公益属性和设定议题的权威性；“门户网站”“微博平台”更是希望借助轰动性的话题增加平台流量，获取更多的社会和经济效益。

3）从技术要素看：形式多样，溯源较难

（1）准确查找谣言的根源较难。

技术的发展带来传播个体发布信息便利的同时，也赋予了个体删除不实信息的便捷性，这又客观上增大管理部门溯源信息的技术难度。尤其是包裹上“正能量”外衣的谣言，即使是在传播到一定阶段后被权威部门辟谣，社会和公众或碍于“出于好心”或被其表层的“公益画皮”所欺骗，也很难将“指责”“批驳”等言辞指向“正能量谣言”的传播者。传统媒体时代，个体发布信息有严格的审核机制，互联网的初始阶段用户只拥有发布信息的权限，内容的删除及修改往往集中在少数的平台管理者手中，而自媒体时代的信息发布和删除完全下放给个体，造成其在发布信息的过程中顾虑较少，“发布”与“删除”的随意性、便捷性，增大了信息传播的控制难度。

（2）拼接组合类软件技术得以普及。

由于各种图片和视频处理软件的普及，“正能量谣言”往往利用公众所熟知的新闻线索，甚至是陈旧的信息进行文字组合、图片拼接和音视频合成，制作成类似于“新闻”“亲历”性的文本信息。有了新技术的保障，“正能量谣言”的传播除实现更加迅捷的速度和获取更加广泛的平台外，也能形成更为丰富的表现形式和互动效果。新技术拼接出的“正能量谣言”主要分为“部分假象”和“全部假象”两类 ：前者是通过技术将不同时间、地点发生的新闻元素进行拼接，具有“部分元素真实”而“整体事实虚假”的特点；后者是合成的事实和现场，都是经过技术手段处理的结果，具有“全部虚假”的特点。但由于“正能量谣言”表层所包裹的“正义”“温暖”“情怀”等外衣，无论是“部分假象”，还是“全部假象”类信息文本，均能轻易地削弱或抵消人们的防范心理，尤其是许多网站借助“点赞”“置顶”等手段将信息进行醒目推送，更加助推了不实信息的曝光度，使此类谣言在各类平台得以大行其道。

3. 社会危害

网络“正能量谣言”对社会的危害具有一定的“隐蔽性”，人们在日常的传播活动中不仅很难辨别、感知其对现实世界的负面性，而且还在不知不觉中充当了负面民意的推手和成为舆论狂欢中的主角。

相关案例

“医生在手术台前自拍”

2014年12月，媒体曝出“医生手术台前自拍”的消息，引发民间舆论场一片哗然。此条信息后被证实为是“正能量谣言”，实为手术室即将拆迁，医护人员在完成手术后的留影，且征得病人的理解。

此条信息之所以能实现快速传播，是因为传播者借助公众对病人的“同情”、对医生的“职业要求”等正能量元素的关心，引发人们对于医生的职业道德、人文情怀进行大讨论，批评之声如潮水般涌向涉事医护人员。

案例出处：人民网. 西安“手术台前自拍医生”：医生不是神 也有感情［EB/OL］.（2014－12－23）［2024－12－04］. http://politics.people.com.cn/n/2014/1223/c1001－26257353－2.html.

“外滩空中撒钱”

2014年12月31日晚23时35分许，上海外滩广场发生群众拥挤踩踏事故。其中网友指认一女孩在“空中撒钱”造成踩踏的谣言，被媒体关注、报道并无限放大，进而受到受众的转发、热议和批评。

案例出处：新华网. 上海外滩踩踏事件调查：国际化大都市因何发生重大惨剧［EB/OL］.（2015－01－01）［2024－12－04］. http://www.xinhuanet.com/politics/2015－01/01/c_1113850706.htm.

“空中撒钱”谣言为什么会出现如此的传播效果？

第一，“正能量元素”适应了受众的生活需要、知情需要和参与需要。

第二，“正能量元素”激发了受众展示自己情

第三，“正能量元素”为受众提供了宣泄不良情感的机会。

课堂讨论

最近互联网上出现了哪些“正能量谣言”，围绕这些谣言出现了哪些观点？

针对这些舆情现象，政府官方是如何作出反应的？

4. 治理策略

网络谣言作为一种虚拟世界的客观存在，随着互联网对于现实社会影响的深入而日益表现出强烈的介入特质。而“正能量谣言”，因其表层具有较强的迷惑性，其文本内核具有较强的传播潜质，其表达方式迎合了虚拟世界情感宣泄的客观需要，就产生了对现实社会更大的负面性影响。

对此类谣言的有效治理，一方面应借鉴国内外其他谣言类型的治理模式，另一方面更应该基于“正能量谣言”本身的生成特点、传播规律等探索更有针对性的治理方法。

1）技术手段监测与识别

网络“正能量谣言”虽然具有极强的伪装性，但在互联网世界的生成与传播过程中，仍然可以找寻其蛛丝马迹。第一，从关键词锁定角度实施技术封堵；第二，从技术角度提高公益类帖文发布的门槛；第三，从技术角度自动提醒转发用户警惕信息真伪。

2）提高信息的透明度

网络“正能量谣言”之所以能产生广泛的传播效力，一方面是由于此类谣言能有效唤起社会公众对某类事件的“关注度”，而这类“关注度”往往又是基于一种从善的“心理”，人们在不知不觉中就成为谣言的“扩散者”“传播者”；另一方面，此类谣言往往介于“真实”与“虚假”的混沌状态之间，让人在“宁可信其有”的心态下转发与传播，甚至误以为是在进行“正能量接力”。因此，尽早介入对此类信息的有效管制，提高公众关心信息的透明度，是治理“正能量谣言”的根本。

长期以来，政府单位对涉及地方的突发信息发布不及时、发布不完整、发布不对称、发布缺乏精准度等往往成为“正能量谣言”生成的主因。政府部门唯有依法依规及时公开信息，使热点事件透明化、重要信息准确化、发布渠道精准化，方能提高工作效率，降低突发事件信息模糊化的可能性，这才是治理“正能量谣言”的可循之路。

3）发挥网络社团作用

网络社团属于网络虚拟性自我组织，成员的组成区域跨度大、年龄结构复杂，因其长期在互联网世界里活动，能及时和准确地把握网民的舆论动态、接受心理，加之其本身既是信息的传播者，又是信息的接受者，因此，政府部门应加强与网络社团进行合作，有效引导其成为遏制“正能量谣言”的重要力量。

拓展阅读

刘彤，许志强. 网络“正能量谣言”的生成与治理［J］. 中国出版，2018（8）：34－38.

四、数智媒体与网络舆情

（一）数智媒体时代的“受众”与舆情特点

从 Web1.0 到 Web2.0 的时代，不同的媒介技术与传播方式推动受众的地位发生了根本性变化，即从被动接受者到主动参与者的转变，并在内容消费、生成和传播中扮演了更为复杂的角色。那么在由生成式人工智能赋能的数智媒体条件下，“受众”的概念可能会发生哪些新的变化呢？

Web2.0 时代以来，受众即已开始参与内容的生产和传播，而在人工智能时代，受众的角色进一步扩展，不仅参与内容的生产，还在一定程度上影响内容的生成和传播。

一方面，AIGC技术降低了内容生产的技术门槛，极大地提升了内容创作的效率。用户可以利用AI生成的图像、音乐或文本进行更为专业性的UGC二次创作，这使得受众成为内容创作的“超级个体”。另一方面，AI算法通过分析用户的行为数据、兴趣爱好和消费习惯，能够为每个用户提供量身定制的内容，这一变化使得受众得以获得更具多样化、个性化的内容消费模式。

在数智媒体条件下，受众在数字生态系统中的地位更加复杂，既是消费者，又是数据提供者，甚至是AI系统的“无形贡献者”。而随着作为舆论主体“受众”的变化，网络舆情本身是否会出现新变化，甚至迎来新的挑战呢？

课堂讨论

在数智媒体时代，受众同时扮演着消费者和数据提供者的双重角色，甚至成为AI生成内容的贡献者。你认为这种角色转变会如何影响网络舆情的特点和发展趋势？

（二）数字媒体条件下网络谣言特征

在数智媒体时代，受众与网络舆情的新特点，使得网络谣言的传播和演变也发生了显著变化，这些变化主要体现在以下几个方面。

1. 谣言生成的自动化与复杂化

随着AI技术的发展，生成对抗网络（GAN）等技术可以生成高度逼真的图像、视频和文本，这使得谣言的制造更加自动化和复杂化。例如，AI可以生成看似真实的新闻报道、伪造的图像或视频，从而使谣言更具迷惑性。

例如，深度伪造（Deepfake）技术利用深度学习生成伪造的音频和视频，使得不真实的信息看起来极其真实。这类技术的广泛应用极大地增强了谣言的欺骗性和传播性，特别是在社交媒体平台上。

相关案例

深度伪造（Deepfake）与虚假新闻

深度伪造（Deepfake）技术利用人工智能生成虚假的图像、音频或视频，使得伪造的内容看起来极其真实。这种技术在虚假新闻或虚假信息中产生了严重影响，以下是一些实际案例的分析。

2020年，某些虚假的科技产品广告视频被深度伪造技术生成。这些视频展示了虚构的科技产品，声称其具有某些革命性的功能，例如虚假的智能设备或新型电子产品，这些广告使用了虚假的演示和技术专家的伪造形象。这些虚假广告可能导致消费者对不存在的产品产生错误的期待，影响他们的购买决策，甚至可能被用来骗取资金。随着深度伪造技术的进步，这种类型的虚假宣传可能变得更加可信和具有欺骗性。

2023年，一段深度伪造的视频涉及了流行歌手泰勒·斯威夫特（Taylor Swift）的虚假丑闻。视频中泰勒·斯威夫特被伪造为在一次虚构的派对上与其他明星争吵，视频中的对话和争执看起来极其真实，但实际上这一事件从未发生。这个虚假的丑闻引发了广泛的媒体报道和公众讨论，对她的公众形象造成了负面影响。

此外，还有许多涉及各国政要的名人的虚假新闻，也是通过深度伪造等技术进行伪造的结果。这些虚假信息和新闻具有高度的真实感和欺骗性。应对这些挑战需要提高公众的媒体素养，发展更先进的检测技术，并建立有效的法规来规范深度伪造技术的使用。

案例出处：澎湃新闻. 歌手泰勒·斯威夫特声音被伪造？美国AI深度造假引关注［EB/OL］.（2024－01－17）［2024－12－04］. https://www.thepaper.cn/newsDetail_forward_26040147.

2. 治理与防范的复杂化

随着谣言生成和传播技术的升级，传统的辟谣机制和信息审核手段面临巨大的挑战。自动化生成的谣言往往难以通过人工手段进行及时识别和阻止，这要求技术和治理手段的同步升级。

在应对数智媒体条件下的网络谣言过程中，算法具有双刃剑的效应。尽管平台可以利用算法来检测和阻止谣言的传播，但同样的算法机制也可能被利用来推送和放大谣言。因此，如何有效使用算法进行谣言治理，成为数智媒体时代的重要挑战。

人工智能伪造检测的技术及应用

识别人工智能生成内容（AIGC），特别是深度伪造（Deepfake）和其他虚假信息的技术手段已经得到了广泛的研究和应用。以下是一些当前有效的识别技术手段，及其在防止不实或虚假信息传播中的应用案例。

1. 深度伪造检测技术

这项技术的方法，首先是视觉和音频异常检测，即通过分析视频和音频的细微异常来检测伪造内容，留意其中的细节如皮肤纹理、眼睛眨动、说话的同步性等方面存在异常。其次，生物识别特征分析，即利用面部识别技术检测伪造视频中的生物特征，如面部表情和动作的自然性。最后，音频特征分析，即分析音频信号中的微小变化，识别出人工合成的声音与真实声音之间的差异。

这项技术的应用代表是Sensity AI（前身为Deeptrace），它开发了深度伪造检测工具，利用深度学习模型检测伪造的视频和图像。其技术分析视频中的图像质量、光影变化和其他特征，以识别伪造内容。

2. 区块链技术

内容认证和追踪方法，利用区块链的不可篡改性来认证和追踪内容的来源。例如，区块链可以记录每一阶段的内容生成和修改过程，从而验证内容的真实性。

数字水印方法，则是在创建内容时嵌入数字水印，而区块链技术可以用来存储水印信息，确保内容在传播过程中未被篡改。

例如，Amber Authenticate 利用区块链技术为图像和视频内容提供真实性认证，通过将内容的哈希值存储在区块链中，确保内容的来源和完整性。

3. 内容真实性验证工具

使用反向图像搜索的方法，能识别图像的原始来源，从而验证图像的真实性。例如，Google Reverse Image Search 和 TinEye 可以帮助查找图像的首次出现和历史记录。再如，使用文本分析工具，利用自然语言处理技术分析文本内容的语言模式和风格，以识别伪造或自动生成的内容。

在文字方面，如 Factmata 利用人工智能技术分析在线内容，评估其真实性和可信度，从而检测文章和新闻中的伪造和误导性内容，帮助用户识别虚假信息。

4. 多模态分析

跨媒体验证的方法，结合视频、音频、文本等多种数据源进行分析，综合判断内容的真实性。例如，通过对比视频中的声音与文本描述的一致性，检测伪造内容。此外，也可通过人工智能技术进行初步筛选，再由人工审核员进行详细验证，以确保检测的准确性。

例如，PimEyes 使用面部识别技术进行多模态分析，结合不同媒体来源验证图像的真实性。它可以追踪图像的使用情况，帮助识别伪造内容。

5. 用户教育与意识提升

在技术性的方法之外，通过提升公众对虚假信息的识别能力，推广识别深度伪造内容和其他虚假信息的技巧，鼓励用户核实信息来源，查看信息是否来自可靠的新闻机构或官方渠道，也是防止数智媒体条件下虚假新闻或网络谣言传播的关键手段。

3. 社会影响的加剧

数智媒体上的谣言往往通过激发用户的情绪，特别是恐惧、愤怒等负面情绪，来扩大其影响力。这不仅可能引发社会恐慌，还可能加剧不良情绪的传播，危害社会稳定。

由于数智媒体的高度普及，谣言一旦传播开来，往往会产生深远的社会影响，涉及政治、经济、公共健康等多个领域。即使谣言最终被揭穿，其造成的负面影响往往难以完全消除。

总之，在数智媒体时代，网络谣言呈现出生成更加复杂、传播更加迅速、形式更加多样、社会影响更加广泛的特点。这些新变化既源于技术的快速发展，也与社交媒体平台的传播机制密切相关。如何有效应对和治理这些变化，成为当今社会面临的重要课题。

课堂讨论

数智媒体环境下，可能会出现怎样的网络谣言？哪些类型的谣言会“改头换面”重新出现？

这些网络谣言会对社会造成怎样的负面影响？

本讲小结

1. 舆论是公众关于现实社会以及社会中的各种现象、问题所表达的信念、态度、意见和情绪表达的总和。“沉默的螺旋”理论则指出了舆论与舆情的主体——公众所受到的社会心理层面影响。

2. 新媒体环境下的舆论场呈现更加复杂的情况，网络舆情与“季节性舆情”体现出特定的传播特征。

3. 新媒体传播方式为网络谣言治理提出挑战，尤其需要留意网络“正能量”谣言。

4. 数智化的相关技术等催生了新媒体的各种崭新类型与内容形态，但也会让网络谣言的产生方式更为复杂，对网络舆情监控提出新的要求。

参考文献

陈力丹. 新闻理论十讲［M］. 上海：复旦大学出版社，2008.

郭庆光. 传播学教程［M］. 2版. 北京：人民大学出版社，2011.

杨嫦君，刘彤. 网络“季节性舆情”的生成与治理对策研究［J］. 传媒，2017（21）：82－84.

易鹏，薛莎. 重大突发事件中的网络舆论生态修复：旨趣、价值与机制［J］. 理论导刊，2021（12）：77－81＋94.

［美］扬·哈罗德·布鲁范德. 消失的搭车客：美国都市传说及其意义［M］. 李扬，王珏纯，译. 北京：生活·读书·新知三联书店，2018.

姜胜洪. 网络谣言的形成、传导与舆情引导机制［J］. 重庆社会科学，2012（6）：12－20.

刘彤，许志强. 网络“正能量谣言”的生成与治理［J］. 中国出版，2018（8）：34－38.

第五讲　新媒体的运营与营销实务

我们经常说“如今是一个‘消费主义’横行的社会”。但是要从更具理论性的高度讨论这个话题，就不得不提及法国后现代主义哲学家让·鲍德里亚所讨论的“消费社会”概念。

“消费主义”与“消费社会”

“消费主义”强调消费在现代生活中的中心地位和意义，鼓励个体通过购买和消费来实现自我价值，形成了基于消费的社会结构和文化象征。作为一个学理性的概念，消费主义背后也常常伴随对过度消费、资源浪费及环境影响的批判，反映出一种对现代社会消费模式的反思与挑战。

以鲍德里亚为代表的“消费社会”理论揭示了商品在消费过程中的符号化特征，即商品的价值不再仅仅取决于其使用功能，而是更多地取决于其所代表的符号意义和社会价值。这种消费模式被称为“符号消费”。鲍德里亚认为，商品在消费前已被符号化，其含义通过符号编码机制确立，商品之间的差异性和独特性成为消费的主要驱动力。

深入探究后，我们会发现，鲍德里亚眼中的消费社会，是一个由广告等媒介精心构造的超真实世界。在这个世界中，广告不仅仅扮演着商品信息的传播角色，更通过创造出一系列虚拟的符号价值，为商品披上了一层神话般的外衣，从而激发了消费者对商品无休止的欲望与追求。作为消费文化和社会意识形态的重要塑造者，广告不断地刺激着消费者的感官与情感，巧妙地引导着人们的消费行为。

尽管鲍德里亚是从批判的角度对“消费社会”进行了深刻的剖析，但在现实的市场经济运行中，他所批判的某些方面却意外地反转，成为企业运营和市场营销的基石，尤其是在“营销”这一关键环节。在长期的市场实践中，一系列所谓的“消费心理学”被归纳和总结出来，这些策略早已成为公众热议的话题，甚至是公开的秘密。

新媒体营销，作为传统市场营销与“互联网+”深度融合的产物，自然也不例外。

它不仅继承了传统市场营销的一般性特点，如对产品“符号价值”的巧妙利用，还在实际操作中充分结合了新媒体独特的传播特性。这种结合使得新媒体营销在传承与创新中找到了自己的定位，成为推动现代消费市场发展的重要力量。

一、新媒体运营

（一）什么是新媒体运营

新媒体运营，作为一种现代化的运营策略，主要依托移动互联网技术，通过抖音、快手、微信、微博、贴吧等新兴媒体平台，实施产品宣传、推广及营销活动。它涉及策划与品牌紧密相关的高质量、高传播性的内容及线上活动，旨在广泛或精准地向目标受众传递信息，以增强用户参与度、提升品牌知名度，并有效运用粉丝经济，实现营销目标。同时，新媒体运营也可作为企事业单位对外宣传与服务的重要窗口，其职业发展路径通常指向新媒体管理师岗位。

另一种对新媒体运营的常见理解是，它涵盖了内容运营、活动运营、产品运营和用户运营四大核心模块。然而，在实际操作中，这四大模块并非界限分明，而是相互交织，工作内容常有重叠。

新入行的运营人员常对“新媒体运营”这一概念感到困惑，这主要源于以下三方面的因素：

首先，公司岗位设置存在差异。不同公司对新媒体运营岗位的定义和职责划分各不相同。规模较大、新媒体部门岗位细分明确的企业，往往将运营岗位细分为“微信运营”“论坛运营”“活动运营”等，每个岗位仅负责运营链条中的特定环节。在招聘网站上搜索“新媒体运营”相关职位时，会出现大量如“内容运营”“社会化营销”“用户运营”等细分的运营岗位。相反，规模较小、新媒体团队精简（甚至仅由一人负责新媒体工作）的企业，其新媒体运营岗位则可能要求同时负责微博运营、微信公众号管理、用户运营及活动策划等多重任务。

其次，运营工作的多样性也是一个重要因素。每项具体的运营工作都具有多重属性，难以简单地将其归类为“产品运营”或“内容运营”。因此，从事新媒体运营工作需要具备全面的技能和综合能力。

最后，模块边界模糊化。新媒体运营中的四大模块——内容运营、活动运营、产品运营和用户运营之间的边界趋于模糊，彼此间存在显著的重合与交织，并未形成严格的界限。以“活动运营”与“用户运营”为例，两者都需要进行用户画像的构建以及用户数据的监测与分析；同样，“内容运营”与“产品运营”在实践中也经常涉及产品图片的设计与产品文案的撰写等共同任务。因此，许多具体的运营工作细节难以简单地划归至这四大运营模块中的某一类，它们往往需要跨模块的协作与整合。

最近一段时间有哪些互联网活动吸引了你的注意？
它们的出品方或赞助方是谁？
你能否看出这些活动是“运营”的结果？

在当下讨论“新媒体运营”这一概念时，一个更为务实的方法是认识到在不同的企业中新媒体运营的具体岗位要求会有所差异。而要真正具备运营的思维，我们应将新媒体运营视为一项系统性的工作，从战略角度、职能角度以及操作角度进行全面而深入的理解。

1. 战略角度

从战略的高度来看，企业新媒体运营构成了一个整体，它在企业内部与产品紧密相连，而在外部则与目标用户紧密相连。新媒体运营部门的核心职责在于深入挖掘用户需求，并协同产品部门进行产品的提升与优化。同时，他们还需设计优质的内容以提升用户体验，这意味着新媒体运营需要对产品和用户双重负责。

因此，从战略角度来看，新媒体运营可以定义为：借助新媒体工具，实现对产品研发—产品推广—用户反馈收集—产品优化闭环的精细化管理与不断优化。

2. 职能角度

从职能的角度来看，新媒体运营涵盖了经典的四大模块：用户运营、产品运营、内容运营以及活动运营。这四大模块相互交织，共同构成了新媒体运营的丰富内涵。

因此，从职能角度来看，新媒体运营可以定义为：利用新媒体工具进行产品运营、用户运营、内容运营及活动运营四大模块的统筹规划与高效运作，以实现企业的整体运营目标。

3. 操作角度

从操作层面来看，每一项具体的工作都可以视为一个小小的运营闭环。以微信公众号的“自定义菜单”为例，尽管它只是一个微小的按钮，但为了让这个菜单发挥最大的价值，我们需要进行一系列的工作，包括调研同行的自定义菜单、进行菜单的策划与设计、设置菜单、分析菜单的点击数据，并根据数据结果进行菜单的优化。

因此，从操作角度来看，新媒体运营可以定义为：负责新媒体工具或平台上的具体工作，并基于运营数据进行持续优化与改进的过程。即使在操作层面，做好新媒体运营工作同样能够发挥巨大的作用，比如能够将微博、微信、QQ、今日头条等新媒体平台的价值持续放大，为企业带来更多的流量与转化。

课堂讨论

你是否曾运营过微信公众号，或者其他新媒体账号？

运营的后台都包含数据统计的模块，分别起到什么作用？

归纳而言，从以上三个角度分别考察，新媒体运营包括三层含义，见表 5.1。

表 5.1　新媒体运营的定义

角度	定义
战略角度	借助新媒体工具，实现对产品研发—产品推广—用户反馈—产品优化闭环的精细化管理与不断优化
职能角度	利用新媒体工具进行产品运营、用户运营、内容运营及活动运营四大模块的统筹与高效运作，以实现企业的整体运营目标
操作角度	负责新媒体工具或平台上的具体工作，并基于运营数据进行持续优化与改进的过程

可见，“新媒体运营”并不是一个简单的概念，而是从战略到操作、从企业全局到细节执行的系统工作。

（二）国内新媒体运营发展简史

新媒体运营作为连接网民与互联网产品的桥梁，其发展历程紧密伴随着互联网产品的创新演进以及网民喜好的变迁。在不同的历史阶段，国内的新媒体运营虽然始终围绕着内容、用户、产品及活动四大核心要素展开，但每个阶段都有其独特的侧重点和战略重心。

1. 用户运营主导期（2000 年以前）

回溯至 2000 年以前，我国互联网尚处于萌芽阶段，网民数量有限。在这个互联网公司野蛮生长的时代，新创意如雨后春笋般涌现，新产品也层出不穷。谁能率先挖掘到用户需求并“抢”到用户，谁就能在这个竞争激烈的市场中脱颖而出，快速成长。

那些后来成长为互联网巨头的公司，几乎都得益于在这个阶段围绕用户需求进行的抢占，成功夺得了互联网领域的先机。在这个用户运营主导的时期，许多公司的程序员甚至亲自上阵，充当“运营”的角色，与用户保持紧密沟通，随时调整产品以优化用户体验。

2. 产品运营主导期（2000—2005 年）

随着互联网进入发展期，2000—2005 年间，虽然像 QQ、百度这样具有跨时代意义的产品鲜少出现，但各大互联网公司都在原有产品的基础上深耕细作，致力于产品的优化与延展。

例如，阿里巴巴在外贸网站的基础上推出了阿里旺旺、支付宝等产品模块；腾讯在 QQ 的基础上拓展了 QQ 秀、QQ 游戏、QQ 空间等；百度也在文字搜索的基础上增加了 MP3 搜索、图片搜索、百度贴吧等功能。在这个产品运营主导的时期，新媒体运营的重点工作都紧紧围绕着产品展开，包括新产品的研发、用户需求的反馈以及产品的持续优化等。

3. 活动运营主导期（2005—2012 年）

自 2005 年起，国内互联网公司的同质化竞争愈发激烈。在分类信息、票务预订、团购网站等多个领域，都涌现出了大量功能相似、界面相仿的竞争对手。为了在这种激烈的市场环境中脱颖而出，各家公司开始尝试通过形式多样的活动进行品牌推广和用户激活。

特别是在团购网站领域，为了从“千团大战”中胜出，各家团购网站的运营团队纷纷策划并执行了不同形式、不同创意的线上线下活动。在这个活动运营主导的时期，新媒体运营的重点工作就是设计创意活动、确保活动的顺利执行并监督活动效果，通过活动吸引用户并激活网站流量。

4. 内容运营主导期（2012 年至今）

随着智能手机的逐步普及和移动互联网的快速发展，网民进入了 Web2.0 时代。在这个阶段，“看今日头条”“用微信聊天”等已经成为网民日常生活的必备内容。由于网民浏览手机的时间有限且注意力分散，“抓住用户注意力、吸引用户持续停留”成为新媒体运营者的首要任务。因此，内容运营在这一阶段成为新媒体运营的重点工作。

例如，为了在纷繁复杂的文章、图片、视频中脱颖而出并吸引用户的眼球，新媒体运营者需要深入分析用户喜好、撰写引人入胜的标题、设计富有创意的内容，并辅以精心制作的图片或 H5 等多媒体元素，以达到更好的运营效果。

二、新媒体运营的四大模块

从事新媒体运营工作，我们必须紧密关注三个核心问题，以确保工作的有效性和针对性。

首先，我们需要全面了解本企业的新媒体运营体系，明确它涵盖了哪些具体的模块，这些模块如何相互作用，以及它们在企业整体战略中的地位。

其次，我们需要清晰地定位自己在企业新媒体运营架构中的位置，明确自己属于哪个具体的模块。这不仅有助于我们更好地理解自己的工作职责，还能帮助我们更好地融入团队，与同事协同工作。

最后，我们需要深入了解并掌握所在模块所需的关键能力。不同的模块对能力的要求各不相同，因此我们需要不断地学习和提升自己的专业技能，以更好地胜任工作。

这三个方面均紧密围绕着“模块”这一核心概念。新媒体运营是一个复杂而多元的领域，共包含四个主要模块。这些模块各自具有独特的功能和作用，共同构成了新媒体运营的丰富内涵。在实际操作中，企业新媒体运营部门会根据自身的实际情况和战略需求，有选择性地组合并运用这些模块。这种灵活性使得新媒体运营能够更好地适应不同企业的特定需求，发挥最大的效用。

具体来说，经典的新媒体运营四大模块分别为“用户运营”“产品运营”“内容运营”“活动运营”。用户运营专注于与用户建立和维护关系，通过深入了解用户需求和行为，提供个性化的服务和体验。产品运营则致力于产品的推广和优化，确保产品能够满足市场需求，实现商业目标。内容运营通过创造和传播优质的内容来吸引和留存用户，提升品牌影响力和用户忠诚度。而活动运营则通过策划和执行各类活动来提升用户活跃度和品牌影响力，促进企业的长期发展。它们在新媒体运营中的作用、具体工作中的关键点见表 5.2。

表 5.2　运营模块的作用及关键点

模块	作用	关键点
用户运营	核心	用户画像
产品运营	根基	类型分析、周期判断
内容运营	纽带	传播模式设计
活动运营	手段	跨界、整合

（一）用户运营：核心

在产品研发、活动策划以及内容推送等各个环节中，核心原则都是围绕用户进行有针对性的展开。这意味着，新媒体运营者必须将用户置于工作的中心位置，深入理解他们的需求、偏好和行为模式。为了实现这一目标，进行用户日常管理显得尤为重要，这包括吸引新用户的关注、有效减少老用户的流失，以及积极探寻策略以激活那些沉寂的用户群体。

在用户运营的整体工作中，用户画像是不可或缺的起点。只有当我们对目标用户群体进行了清晰、细致的用户画像构建，后续的用户分类、拉新策略制定、用户活跃度提升以及用户留存等工作才能有意义地展开。如果用户画像模糊或不准确，那么后续的用户运营工作就如同盲目航行，不仅效果会大打折扣，还极有可能出现南辕北辙的情况，即“越努力反而越无效”的尴尬局面。因此，确保用户画像的清晰性和准确性，是新媒体运营者迈向成功用户运营的第一步。

什么是用户画像?

用户画像，又称客户画像，是指根据用户的属性、偏好、生活习惯、行为等信息，抽象出来的标签化用户模型。它是通过高度精练的特征标识来描述和理解特定用户群体的特征，旨在帮助企业更精准地了解其客户群体，以便更有效地满足他们的需求。

用户画像的主要目的是帮助企业在竞争激烈的市场环境中，制定有效的市场策略，提高用户满意度，优化产品和服务，以及实现精准营销。通过对用户信息的深入分析和标签化，企业可以更加清晰地理解用户需求和行为特征，从而制定更加符合用户期望的市场策略和产品设计。

用户画像通常包含定性画像与定量画像两部分。定性画像是描述用户的基本属性、行为刻画、兴趣模型等，如用户的性别、年龄、职业、兴趣爱好等。定量画像则主要包括用户基础变量、兴趣偏好等可量化的数据特征，如用户的消费频次、购买金额、浏览行为等。

通过构建用户画像，新媒体运营者能够深入了解目标用户的群体特征、兴趣爱好、消费习惯及行为模式，从而更加精准地定位受众群体，制定个性化的内容策略和营销方案。这不仅有助于提升内容的吸引力和传播效果，还能有效促进用户互动和转化，实现新媒体运营的商业目标。同时，用户画像还能帮助运营者持续优化用户体验，提升用户满意度和忠诚度，为新媒体的长期发展奠定坚实基础。因此，在新媒体运营中，充分利用用户画像的价值，对于提升运营效果、增强竞争力具有重要意义。

课堂讨论

打开你所关注的微信公众号，从它们不同的内容定位，是否可以反向推测其用户画像？

微信公众号的内容定位满足了用户的哪些需求？

（二）产品运营：根基

狭义的“产品运营”概念，专注于企业的互联网产品领域，具体涵盖了企业手机软件的设计与开发流程，以及企业网站的运营与维护调试等一系列环节。这一视角下的产品运营，主要着眼于通过技术手段和市场策略，优化产品体验，提升用户活跃度与黏性，实现产品的商业价值和市场目标。

而从广义的角度来看，“产品运营”的范畴则大大扩展，它将新媒体运营过程中所涉及的各种账号、平台、活动策划与执行等项目均视为“产品”，并对这些“产品”进行全面的策划、精细化运营与持续优化调试。这意味着，无论是社交媒体账号、内容分发平台，还是线上线下的活动策划，都被纳入了产品运营的范畴之内，强调以产品思维来指导新媒体运营的全过程。

以抖音账号为例，它同样可以被视作一件精心打造的“产品”。从账号的开通那一刻起，首先需要进行深入的市场调研，明确产品定位与目标受众；随后进行前期的内容规划与设计，确保内容既符合平台特性又能吸引目标用户；其次是上线前的测试与调试，确保账号功能与用户体验的无缝衔接；最后，账号正式发布并持续运营，其间还需不断根据用户反馈与市场变化，进行产品迭代与优化，以实现账号的长期发展与商业价值最大化。

“科幻春晚”系列产品

“科幻春晚”自2016年春节创立以来，逐渐成了备受瞩目的年度科幻文化活动。这个活动由国内知名的科幻媒体品牌《不存在日报》（隶属于未来事务管理局）发起，并汇聚了刘慈欣、韩松、刘宇昆、金宝英、郝景芳、何夕等众多在科幻界享有盛誉的作家，他们共同参与到小说、漫画、插画等多种形式的作品创作中。多年来，“科幻春晚”持续吸引着大量的科幻爱好者和创作者参与，成为科幻小说创作线上活动中参与人数众多、讨论度极高的一个。它不仅仅是一个简单的活动，更在逐渐发展的过程中，演化成了一个多元化的互联网“产品”。在原有的“小说创作”基础上，它开始向视觉化、影视化以及线上线下参与等多个方向延伸，为科幻文化的传播和推广提供了更广阔的平台。

该活动的运营团队在每年春节前后都会精心策划一个适合系列开发的统一主题。历届受邀的作家们都会围绕这一明确主题或议题展开创作，他们的作品不仅各具特色，还共同构成了一个富有创意和想象力的系列。例如，往届科幻春晚的“命题作文”主题就包括了以下内容。

2016年：科幻小说接龙。作家们通过接龙的方式，共同构建了一个宏大的科幻世界。

2017年：春晚经典节目串烧。作家们将科幻元素与春晚经典节目相结合，创作出了一系列别开生面的作品。

2018年：北京西站。作家们以北京西站为背景，展开了一系列关于人与城市、科技与未来的深刻探讨。

2019年：故乡奥德赛。这一年，科幻春晚希望回归“故乡”这一主题，邀请了20余位顶尖作家将自己的家乡融入科幻小说创作中，涉及四川、浙江、陕西等多个地区，通过科幻的笔触描绘故乡的风土人情与变化。

2020年：相见欢定律。该主题聚焦于春节这一相见的时刻，鼓励创作者们探讨春节语境下的“关系”。这种关系不仅限于人与人之间，还包括人与时代、人与家乡、人与技术等多维度的关系变化与差异。

2021年：宇宙万象，春风拂面。这一主题源自每个人对现实的体悟，旨在激发更广泛的情感共鸣，如家乡、车站、人际关系等话题，通过科幻的方式展现宇宙之大与人心之微的交织。

2022年：万有引擎。万有引擎象征着宇宙中所有生命的内在力量，这一主题鼓励创作者们探索生命的驱动力和宇宙间的奥秘，通过科幻的想象展现生命的奇迹与宇宙的浩瀚。

2023年：陪伴。这一简单而温馨的主题强调了陪伴的重要性，无论是人与人之间的陪伴，还是科幻作品带给读者的陪伴，都成为该年科幻春晚的核心议题。

2024年：有龙则灵。在农历龙年，科幻春晚以龙为主题，集结了来自世界各地的创作者共同想象和再创造龙的形象与意义。龙作为中国传统文化中的重要元素，与科幻的结合为创作者们提供了广阔的想象空间。

通过这些富有创意和想象力的主题和话题的引导，“科幻春晚”成功地将科幻的高概念与中国的“春节”传统相结合，打造了一系列展现中国场景、中国元素和中国情怀的本土化科幻故事。这些故事不仅丰富了科幻文化的内涵，还为读者带来了全新的阅读体验。在此基础上，科幻作家、画家、制作者以及粉丝都积极参与到了内容的衍生创作中，共同为科幻文化的繁荣和发展贡献了自己的力量。

案例出处：中国作家网. 2023科幻春晚“主题”公布！陪你度过第8年［EB/OL］.（2023－01－19）［2024－10－14］. http://www.chinawriter.com.cn/n1/2023/0119/c404079－32609765.html.

如果由你来策划明年春节的“科幻春晚”主题及其产品形态，你有怎样的想法？如何能让“科幻春晚”这类产品更有趣、更接地气？

（三）内容运营：纽带

内容在生产与传播的过程中扮演着连接产品与用户的重要桥梁角色，对于运营者而言，深入理解和精准把握内容的定位、设计与传播策略是至关重要的。这不仅要求运营者能够找到并确立具有差异化的内容定位，确保内容在众多竞争者中脱颖而出，吸引用户的目光，还需要在内容创作上倾注心血，打造出能够触动用户情感、引发共鸣的走心内容形式。同时，优质的内容传播策略也是不可或缺的一环，它能够有效扩大内容的影响力，帮助触达更广泛的用户群体。

为了实现这一目标，构建一个高效的内容生产体系是关键，该体系涵盖了以下几个核心环节。

（1）策划阶段：这一环节是内容生产的基石。运营者需要进行深入的用户分析，细致了解用户的兴趣点和痛点，这是确保内容贴近用户需求、引发共鸣的前提。同时，热点追踪也是策划中的重要一环，它能帮助内容快速响应市场变化，抓住用户的注意力。此外，搭建全年选题库，对竞品进行深入分析，也是策划阶段不可忽视的工作，它们为内容的持续性和竞争力提供了有力保障。

（2）生产阶段：在这一阶段，运营者需要根据策划的指导，具体执行内容的创作。这包括多样化的内容形式，如图文、短视频、活动页面等，每种形式都有其独特的魅力和适用场景，能够满足不同用户的偏好和需求。

（3）分发阶段：内容生产出来后，如何有效地将其传播给目标用户，是分发阶段的核心任务。这主要涉及站内板块的优化布局和站外新媒体平台的合作推广。通过合理的渠道选择和精准的分发策略，可以最大化内容的曝光度和影响力。

（4）管理阶段：内容的生产与传播并非一成不变，而是一个持续优化的过程。运营者需要通过数据分析，不断挖掘用户的行为习惯和偏好变化，以此为依据，不断调整内容方向和策略。这种基于数据驱动的管理方式，能够确保内容生产体系始终保持高效运转，持续产出符合用户需求的高质量内容。

江小白的情感内容营销

江小白，作为一款面向年轻消费群体的白酒品牌，其成功在很大程度上得益于其独到的情感营销策略。在互联网内容泛滥、信息碎片化的今天，江小白通过精准的情感定位、创新的内容传播以及深度的用户互动，成功地在竞争激烈的白酒市场中脱颖而出。

江小白深谙年轻消费者的心理需求，他们渴望被理解、被认同，追求个性化、有温度的品牌体验。因此，江小白将品牌定位为“我是江小白，生活很简单”，这一简洁而富有内涵的标语，迅速与年轻消费者产生了情感共鸣。它不仅仅是一句广告语，更是一种生活态度的表达，让消费者在品味白酒的同时，也能感受到品牌所传递的简单、真实的生活理念。

在内容传播上，江小白充分利用互联网平台的优势，通过微博、微信、抖音等社交媒体渠道，发布一系列富有创意和情感共鸣的内容。这些内容或温馨或幽默或励志，总能恰到好处地触动消费者的心弦。例如，江小白曾推出过一系列以“表达瓶”为主题的营销活动，每一瓶酒上都印有一句富有情感的话语，如“我把所有人都喝趴下，就是为了和你说句悄悄话”等，这些话语让消费者在品尝美酒的同时，也能感受到品牌所带来的情感慰藉。

除了精准的情感定位和创新的内容传播外，江小白还注重与用户的深度互动。他们通过举办线下活动、开展用户调研、建立粉丝社群等方式，积极与用户进行沟通交流，了解他们的需求和反馈。这种以用户为中心的经营理念，不仅让江小白能够更好地满足消费者的需求，也进一步增强了消费者对品牌的认同感和忠诚度。

江小白的情感营销策略通过精准的情感定位、创新的内容传播以及深度的用户互动，成功地打造了一个富有温度、充满情感的品牌形象。这不仅让江小白在竞争激烈的白酒市场中脱颖而出，也为其他品牌提供了有益的借鉴和启示。

案例出处：杨美佳．场景时代下江小白情感营销策略研究［J］．新闻知识，2019（5）：57－60.

（四）活动运营：手段

在新媒体领域中，尤其是在规模较小的新媒体团队中，通常不会设立专门的“活动部门”或“活动组”，这是因为活动被视为内容创作、用户运营以及市场推广三大核心模块不可或缺的交叉组成部分。新媒体活动的运营工作需要特别关注策划与执行的精细管理。在活动正式启动之前，必须进行周密的策划工作，包括明确活动的具体目标、选定恰当的活动形式、设计吸引用户的内容以及制订详细的时间计划等。活动结束后，活动负责人还需负责任务的跟进以及活动的复盘工作，以确保活动效果的最大化及经验的积累。

活动运营的实际效果往往体现在用户的参与度上，然而，持续提升用户参与度却是一项极具挑战性的任务。这一现象的原因可以从两个方面来分析：一方面，当前互联网环境下的网民面临着海量的选择，他们的兴趣和注意力往往难以长期聚焦于同一家公司、同一个账号或是同一类型的活动；另一方面，活动运营团队在策划并执行了数次活动后，很容易陷入“思路枯竭”和“创意失效”的困境，缺乏新的灵感和创意，自然难以持续激发用户的参与热情和兴趣。

因此，新媒体活动运营的关键在于跨界合作与资源整合。这意味着新媒体团队需要积极寻求与其他行业公司的合作机会，共同举办联合活动，同时充分整合各方面的传播资源，包括社交媒体、合作伙伴渠道以及自身平台资源等，以确保活动能够达到预期的效果，有效提升用户参与度，实现活动运营的最终目标。

相关案例

肯德基“V我50”

“疯狂星期四V我50”是一个网络流行梗，源于肯德基在每个星期四推出的固定优惠活动——疯狂星期四。在这一天，肯德基的部分套餐价格非常优惠，吸引了大量消费者。由于这种优惠力度大，网友们开始通过各种方式表达自己想要享受这一优惠的心情，其中就包括“V我50”这样的文案。

“V我50”实际上是“微信转我50元”的缩写，网友们并不是真的要求别人转账，而是一种调侃和开玩笑的方式。他们会在社交媒体上发布各种创意文案，以试图吸引别人的注意并引发互动，结尾通常会加上“疯狂星期四V我50”，意思是在疯狂星期四这一天，如果有人愿意转账50元，他们就可以去吃肯德基了。

案例出处：中华网河南. V我50是什么意思？V我50是什么梗？［EB/OL］.（2023－04－19）［2024－12－04］. https://henan.china.com/news/yaowen/2023/0419/2530414397.html.

上述“V我50”的新媒体营销之所以能够取得显著成效，主要得益于两方面的精心设计与实施。

一方面，该活动极大地降低了用户二次创作的门槛，使得任何人都能轻松参与创作过程。为此，活动特别开发了一个小程序，用户只需简单操作，即可一键生成属于自己的“疯四文学”作品，并鼓励用户通过复制粘贴的方式进行分享。这一设计极大地激发了网友的参与热情，许多人直接搬运活动文案进行分享，从而有效扩大了活动的传播范围。

另一方面，该活动巧妙地实现了用户裂变。由于“疯四文学”具有极强的传播力和社交性，它迅速在社交媒体上形成了一股热潮，成为一种带有“社交货币”性质的商品。人们乐于分享这样的内容，将其展示给自己熟悉的家人和朋友，这使得活动的目标受众得以广泛覆盖，并激发了更多用户的参与意愿。

正是通过这种创新的活动方式，肯德基的“疯狂星期四”活动吸引了大量关注，不仅让新用户循着优惠而来，还进一步提升了品牌的影响力和知名度。

你是否在网上看到过各种“疯狂星期四”的变体，它们都是怎么“玩梗”的？

为什么“疯狂星期四”是一场较为成功的活动运营？

三、新媒体运营与营销的异同

“新媒体运营”与“新媒体营销”，尽管仅一字之差，却常被混淆。二者虽有相似之处，但差异亦显而易见。

从相似之处来看：首先，它们的渊源相近，都是线下工作的线上变体。运营与营销在线下已存在多年，并非新媒体领域的专有名词。例如，市场策划、品牌推广、电话销售等营销相关工作，以及地铁运营、工厂运营、饭店运营等企业运营活动，在互联网诞生之前就已存在。

其次，它们的价值相似，都是连接产品与用户的重要桥梁。无论是新媒体运营还是新媒体营销，都需要充分挖掘产品特色，将其优势呈现于互联网，以便用户在线上接触到企业产品。同时，它们也都需要将用户意见定期整理，并与产品团队沟通，以持续改善用户体验。

最后，它们的细节相交，具体工作有大量重合部分。在职能上，许多企业的新媒体部门岗位如文案、设计、推广、客服等，既是新媒体营销岗位又是新媒体运营岗位，二者在此处并无严格区分。在具体工作上，如策划一场微信活动，既包含营销动作如挖掘新品卖点、设置定价等，又包含运营动作如设计预热海报、撰写公众号文章等。

然而，在具体工作中，二者仍存在明显差别：

首先，侧重有所区别。新媒体营销更偏向对外的工作，尤其是与用户打交道，想方设法触达用户并实现营销目标。因此，营销者需围绕“营销”进行定期的用户分析、跟进及产品分销策划等工作。而新媒体运营则更偏向内部工作，运营者的日常工作包括账号管理、矩阵设计、选题规划、内容推送及数据分析等。

其次，思维存在差异。企业营销工作的关键是策略及顶层设计，优秀的营销策略是营销成功的前提。而运营工作的关键则是把控细节，若策略优秀却不注重细节，可能因小错误而导致运营效果大减。

最后，导向存在差异。新媒体营销多为结果导向，以实际收益为重；而新媒体运营则是多重导向，除了考虑营销结果数据外，还包括用户数据、内容数据等长期指标。在考核上，新媒体营销工作可能仅关注销售额、转化率等短期指标；而新媒体运营工作则还需考虑好评率、粉丝数、阅读量等运营指标，其考核维度更多、项目更细。

四、新媒体营销的十大模式

前文我们已对新媒体营销与运营进行了简要比较，并指出“营销与运营”并非新媒体领域所独有，而是将长期的商业运作模式经验移植到新媒体平台的结果，可以说是“互联网＋营销”的融合产物。在实际应用中，这一融合趋势催生了多种新媒体营销模式，其中至少包括十大主流模式：“饥饿营销”“事件营销”“口碑营销”“情感营销”“互动营销”“病毒营销”“借势营销”“IP营销”“社群营销”“跨界营销”。这些模式大多源自传统市场营销的常用手段，但在新媒体传播特性的加持下，它们得以焕发新的活力，展现出更为丰富和多元的营销效果。

（一）饥饿营销

饥饿营销的核心在于商品提供者有意调低产量，旨在调控供求关系，营造出供不应求的假象，进而维持商品的高利润率和提升品牌附加值。这一策略的成功实施，离不开强势的品牌、吸引人的产品以及出色的营销手段。通过吸引潜在消费者并限制供货量，饥饿营销创造了热销的假象，从而提高售价并赚取更高利润。然而，其最终目的并非仅仅提高价格，而是为品牌创造附加值。但值得注意的是，饥饿营销是一把双刃剑，使用得当可以进一步提升强势品牌的附加值，使用不当则可能损害品牌形象，降低其附加值。

在当今时代，饥饿营销对于“制造供不应求热销假象”的操作，很大程度上依赖于互联网新媒体的传播。新媒体平台让产品得以更广泛地展示，并通过线上大量炫耀式的图景来衬托线下的“稀缺”，从而创造需求并提升所谓的“符号价值”，即我们常说的“品牌溢价”。

在互联网条件下，饥饿营销展现出了更为丰富和多元的特性，饥饿营销也更加注重与消费者的互动和参与，而大数据为饥饿营销提供了更为精准的数据分析和反馈机制。从积极的角度来看，饥饿营销策略具有双重益处。一方面，它满足了人们对“符号价值”的追求；另一方面，它为商家带来了“去库存”的效益。例如，淘宝“618”的抢购活动，以及一些不易量产的产品的营销策略，都是饥饿营销在实际应用中的体现。

课堂讨论

你最近购买了哪些“限量款”的产品？它们是否通过互联网进行营销？你购买它的心理动机是什么？

（二）事件营销

事件营销是企业精心策划、组织和利用那些蕴含名人效应、显著新闻价值及广泛社会影响力的人物或事件的一种策略和手段。其核心目的在于激发媒体、社会团体以及广大消费者的浓厚兴趣与高度关注，进而有效提升企业或产品的知名度与美誉度，积极塑造并维护良好的品牌形象，并最终实现促进产品或服务销售的根本目标。

事件营销作为一种综合性的营销方式，巧妙地将新闻效应、广告效应、公共关系、形象传播以及客户关系管理融为一体。它遵循新闻传播的内在规律，精心策划和制造具有显著新闻价值的事件，并通过精心设计的媒介投放与传播策略，确保这些新闻事件能够广泛传播，从而达到预期的营销效果。当一个特定事件发生之后，其是否具备足够的新闻价值，将直接决定其能否以口头传播的方式在特定人群中流传。只要该事件蕴含的新闻价值足够显著，它就有可能通过适当的渠道被新闻媒体发掘，或者通过恰当的方式传递给新闻媒体，进而以完整且正式的新闻形式向公众发布，最终实现事件营销的多重目标。

“逃离北上广”的事件营销

新世相作为一家以内容见长的新媒体品牌。新世相于 2017 年 4 月 21 日至 4 月 25 日成功举办了“逃离北上广”第二季事件营销活动。

新世相在活动策划阶段就明确了目标受众为一线城市的中青年白领人群。这一群体面临巨大的工作和生活压力，对逃离都市、探索未知充满向往。因此，“逃离北上广”活动精准地击中了他们的痛点，引发了强烈的共鸣和参与热情。

本次“逃离北上广”活动以“说走就走”的旅行为主题，通过提供免费机票和精心设计的目的地任务，鼓励都市人群暂时逃离快节奏的都市生活，探索未知的美好。活动通过新世相的微信订阅号和微博平台进行预热和宣传，最终吸引了大量公众的关注和参与。

活动还邀请了明星艺人作为“逃离任务明星设计师”，为参与者设计了各具特色的目的地任务。这些任务不仅有趣且富有挑战性，还巧妙地融入了参与企业的产品，实现了品牌与内容的深度融合。

活动启动后，迅速在社交媒体上引发了广泛关注和讨论。据统计，活动当天共有 1309 万人在“一直播”平台收看了北京、上海、广州三个机场的实况直播，充分展示了活动的吸引力和影响力。

案例出处：数英网. 完整回顾教科书级营销案例：4 小时后逃离北上广［EB/OL］.（2016－07－20）［2024－10－14］. https://www.digitaling.com/articles/28827.html.

你认为“逃离北上广”的事件营销为什么会产生如此的效果，它的活动环节设计体现出怎样的

思维？

（三）口碑营销

口碑营销，作为一种高效且具有强大可信度的营销方式，其核心在于企业巧妙地促使消费者通过亲朋好友间的日常交流，将自身的产品信息、品牌故事广泛传播。这种方式不仅成功率高，而且因为源自真实用户的亲身体验和分享，所以具有极高的可信度。从企业营销的实践层面深入剖析，口碑营销实则是企业精心策划并运用多样化的有效手段，激发消费者之间对其产品、服务乃至企业整体形象的积极讨论与深入交流，进而鼓励消费者主动向周边人群进行详细介绍和热情推荐的一种营销策略和实施过程。

相较于传统广告的单向传播模式——从品牌关注、产生兴趣、激发购买欲望，到形成品牌记忆最终实现购买，口碑营销则构建了一个更为完整且循环的营销闭环。它不仅涵盖了传统广告的所有环节，更在消费者完成购买之后，通过其亲身体验和积极分享，进一步影响并吸引更多潜在消费者关注品牌，形成一个持续放大的效应。在这个过程中，购买者与亲朋好友之间的商品信息互动交流至关重要，它打破了传统广告中消费者被动接受商品信息的局限，转而成为一种基于信任和亲身体验的主动传播。

在新媒体时代背景下，互联网的飞速发展为口碑营销提供了更为广阔的舞台。以社交媒体平台为例，其便利的社交分享功能极大地促进了口碑营销的传播速度和广度。消费者可以轻松地在微博、微信、抖音等平台上分享自己的使用体验，而这些分享往往以更加真实、生动的内容形式呈现，如用户评价、使用体验视频、对比测评等，从而更有效地触达并影响目标受众。

口碑营销在新媒体条件下展现出了前所未有的活力和潜力，不仅加深了消费者对品牌的认知与信任，还通过消费者之间的自发传播，实现了品牌影响力的几何级增长，为企业带来了更为持久且深远的市场效应。

课堂讨论

有哪些互联网产品是你在“口耳相传”的口碑传播过程中得知，并最终成为其用户的？

（四）情感营销

如今消费者在购买商品时所追求的，远远超越了商品本身的数量多少、质量优劣以及价格的高低，他们开始更加注重的是一种情感上的满足，一种深层次的心理认同。这种转变标志着消费市场的一次深刻变革，即从传统的理性消费向更加注重感性体验的情感消费迈进。

情感营销，正是基于这一时代背景应运而生的一种营销策略。它深入洞察消费者的情感需求，通过精心设计的营销手段，唤起并激发消费者的情感共鸣。这种营销方式不再仅仅关注产品的物理属性，而是更加注重将情感元素融入营销过程之中，使营销活动充满人情味，从而在无情的市场竞争中脱颖而出，赢得消费者的青睐。

随着物质文明的不断发展，产品的材质和质量已经逐渐无法满足人们日益增长的生活需求和心理需求。在日常生活中，人们开始越来越多地将情感寄托于产品之上，使得文化、思想、感情等精神层面的因素成为人类生活不可或缺的一部分。企业敏锐地捕捉到了这一趋势，开始运用这些情感元素来营销产品，通过触动消费者的感官和情感，引导他们采取行动，实现购买行为。

这种情感营销的策略，不仅提升了产品的附加值，还为消费者创造了更加丰富、更加个性化的消费体验。它让消费者在购买产品的同时，也能感受到品牌所传递的情感价值，从而在心中建立起对品牌的深厚情感连接。这正是情感营销的魅力所在，也是它在当今市场竞争中屡试不爽的关键原因。

《啥是佩奇》短片与春节期间的情感营销

春节期间，是中国人最为重视的家庭团圆时刻。在这个时候，人们对于家庭的渴望和对于团圆的期盼达到了顶峰。同时，也是电影市场的一个重要档期，各大电影都会在这个时候进行激烈的票房争夺。《啥是佩奇》短片是春节档动画片《小猪佩奇过大年》的宣传短片，并作为一条广告短片/微电影在新年之前迅速传播。

《啥是佩奇》短片以农村老大爷李玉宝为主角，通过他为了满足孙子的要求，在过年前积极准备并几经周折弄清楚“佩奇”是啥的故事，展现了深厚的家庭情感和温暖的亲情。短片情节曲折，结局反转，硬核而温暖，团圆的主题直击人心。短片深入挖掘了家庭情感，通过老大爷李玉宝的形象，展现了长辈对晚辈的疼爱和付出，以及家庭成员之间的深厚情感。

通过情感营销的策略，《啥是佩奇》短片在传播方面取得了显著的效果，也为其所宣传的春节档电影《小猪佩奇过大年》带来了大量的曝光和票房潜力。通过短片的传播，电影成功地与观众建立了情感连接，使得观众在春节期间更愿意选择这部电影作为家庭观影的选择。

案例出处：卢雪莹．新媒体短视频广告的取胜之道——以《小猪佩奇过大年》宣发短视频广告《啥是佩奇》为例［J］．视听，2019（11）：243－244．

课堂讨论

一年之中有哪些节日尤其适合新媒体条件下的情感营销？这些情感营销如何与新媒体结合，调动了受众的什么情感？

（五）互动营销

互动营销是一种创新的营销策略，其核心在于企业在营销过程中充分利用消费者的意见和建议，将其融入产品或服务的规划与设计中，为企业的市场运作注入新的活力。通过实施互动营销，企业搭建起与消费者之间的桥梁，使消费者能够直接参与到产品以及品牌活动的塑造中来。

互动营销是一种高效且人性化的营销方式，打破了传统营销模式的束缚，以消费者为中心，注重消费者的体验与反馈。

游戏《蛋仔派对》与互动营销

《蛋仔派对》是由网易研发的一款潮玩休闲竞技游戏，近年来，其不再局限于对游戏核心玩法的推广，而是策略性地将重心转向了增强游戏的“社交性”与“自制性”。

具体而言，社交性的提升体现在《蛋仔派对》除了基础五种模式外，还创新性地开发了诸如2V2、捉迷藏、翻滚一线牵、南瓜入侵等多种轻量级、低门槛且充满趣味性的游戏模式。这些游戏模式具有鲜明的派对属性，能够营造出欢快热闹的氛围，从而吸引了大量崇尚互动参与和沉浸式体验的Z世代年轻人。基于这一深刻洞察，游戏的宣传文案也进行了相应调整，重点突出“不怕手残，派对超轻松”“碰碰贴贴，结交好密友”等口号，旨在唤醒年轻群体在休闲游戏中的社交需求。

至于自制性，则是《蛋仔派对》另一大亮点，特别是其乐园工坊地图功能。游戏内置了高度自由的地图编辑器，玩家可以利用多种地图组件创作设计自己的地图。在官方的专业引导下，玩家的想象力得到了极大释放，从而催生了大量优质的UGC内容。这些全民共创的内容在视频平台上以地图闯关视频的形式如雨后春笋般涌现，进一步扩大了游戏的影响力和知名度。

基于此，游戏还积极与国内热门IP进行联动，如《红小豆》《吾皇猫》《喜羊羊与灰太狼》等，进一步丰富了游戏内容和玩家体验。

案例出处：中国商报网. 蛋仔派对引领IP热潮，背后营销哪里是其奥妙？［EB/OL］.（2024－04－25）［2024－12－04］. https://www.zgswcn.com/news.html?aid=181729.

（六）病毒营销

病毒营销（Viral Marketing），又称病毒式营销、病毒性营销、基因营销或核爆式营销，是一种利用公众的积极性和人际网络，使营销信息像病毒一样迅速传播和扩散的策略。这种营销方式通过快速复制和广泛传播，将营销信息传递给数以万计乃至数百万计的受众，实现高效的信息覆盖和品牌影响力提升。

病毒营销的传播费用远远低于口碑营销等其他方式。这主要是因为病毒营销充分利用了目标消费者的参与热情，将原本应由商家承担的广告成本转嫁到了目标消费者身上。在新媒体平台上，这种低成本传播的优势尤为明显，商家只需精心策划营销内容，便能借助用户的社交网络实现广泛的传播。

依托于互联网和新媒体的即时性、广泛性特点，病毒营销的传播速度远比口碑传播等传统方式要快得多。一条有吸引力的营销信息可以在短时间内迅速覆盖大量受众，形成爆发式的传播效应。这种高速传播能力使得病毒营销成为品牌快速提升知名度和影响力的有效手段。

然而，病毒营销的成功与否在很大程度上取决于营销内容的创意和质量。只有那些能够触动人心、引发共鸣或提供独特价值的营销内容，才能激发公众的分享欲望，形成病毒式的传播效应。

蜜雪冰城主题曲与病毒营销

蜜雪冰城品牌的“病毒营销”是一个典型的成功案例，通过一系列精心策划和执行的活动，成功地在消费者中形成了广泛的传播和深刻的品牌印象。

蜜雪冰城发布了品牌主题曲《蜜雪冰城甜蜜蜜》，该主题曲改编自英文民谣《哦，苏珊娜》，歌词简单重复“我爱你，你爱我，蜜雪冰城甜蜜蜜”，旋律欢快洗脑，易于传唱。这种简单易懂、朗朗上口的内容是病毒营销成功的关键。

蜜雪冰城充分利用了抖音、快手、B站、微博等社交媒体平台，通过用户自发分享和官方推广相结合的方式，使主题曲迅速在全网范围内传播开来。这些平台拥有庞大的用户基数和强大的社交属性，为病毒营销提供了肥沃的土壤。

此外，借助并鼓励用户进行二次创作，如多语言翻唱、改编歌词、原创编舞等，这些UGC（用户生成内容）进一步推动了主题曲的传播和扩散。

案例出处：搜狐网．仅凭一支MV彻底出圈，蜜雪冰城的“魔性营销”有多野？［EB/OL］．(2021－07－03)［2024－10－03］．https://business.sohu.com/a/475389090_100125915.

（七）借势营销

借势营销作为一种新媒体营销模式下较为常见的策略，其核心在于巧妙地借助一个消费者喜闻乐见的环境，将原本具有明确营销目的的活动隐藏于这一环境之中。

借势营销作为一种新媒体营销模式下较为常见的策略，其核心在于巧妙地借助一个消费者喜闻乐见的环境，将原本具有明确营销目的的活动隐藏于这一环境之中。这种策略的具体表现是，企业会利用大众广泛关注的社会热点、娱乐新闻、媒体事件等元素，通过潜移默化的方式将营销信息植入其中，旨在不影响消费者体验的前提下，达到影响消费者认知、提升品牌知名度和促进产品销售的目的。借势营销凭借其独特的优势，在新媒体时代展现出了强大的生命力和广泛的应用价值。

课堂讨论

你是否有购买过各种“联名款”商品？

在新媒体营销的过程中，这些商品及其背后所涉及的品牌是否借助了借势营销的策略？

（八）IP 营销

其核心在于利用“IP”（Intellectual Property，即知识产权）这一概念，超越其原有的法律范畴，将其打造成为连接品牌与消费者之间的强大沟通桥梁。近年来，随着 IP 内容的不断丰富以及其展现出的可观商业价值，IP 的含义已经得到了极大的拓展和深化。

IP 营销的本质，在于将具有独特魅力和广泛影响力的 IP 元素，巧妙地注入品牌或产品之中，从而赋予产品或品牌以独特的温度和人情味。这种策略通过富有辨识度的“IP”构建一个富有情感共鸣和认知认同的沟通桥梁，极大地降低了人与品牌之间，以及人与人之间沟通的门槛和隔阂。消费者在购买或使用这些与 IP 相关联的品牌或产品时，不仅仅是在进行物质层面的消费，更是在与自己所喜爱和认同的 IP 进行情感上的互动和共鸣，从而实现了品牌与消费者之间更深层次、更富有个性化的连接和沟通。

在一定程度上，IP 营销与情感营销有共通之处，但区别在于是否产生、利用与强化了具有辨识度的 IP。

相关案例

Loopy

Loopy 的由来可以追溯到韩国的一部知名动画片《小企鹅 Pororo》。这部动画片不仅风靡韩国，还受到了多个国家观众的喜爱，Loopy 便是其中的一个重要角色，是一只粉红色的小海狸。作为配角，尽管戏份不如主角小企鹅 Pororo 多，但她凭借独特的魅力和性格特点赢得了观众的喜爱。

Loopy 一系列关于“打工”的吐槽表现得趣味十足，映射出大多数“打工人”的日常。这种内容定位不仅贴近年轻人的生活实际，还以一种轻松幽默的方式表达了他们对工作的无奈和吐槽，从而激发了强烈的情感共鸣。Loopy 自身的性格魅力也为这种调侃进行了加持，使得她的内容更加生动有趣。这使得 Loopy 不仅是一个动画角色，更成为年轻人表达自我、宣泄情感的一个窗口。在社交媒体和短视频平台上，年轻人通过分享和讨论 Loopy 的内容，找到了彼此之间的共同语言和身份认同，这种集体性的情感宣泄进一步推动了 Loopy 的爆火。

Loopy 作为动画 IP，却日常在短视频平台发布舞蹈视频、互动视频等全新形式的营销内容。通过短视频平台的广泛传播和互动，Loopy 的形象和故事得以更加深入地渗透到年轻人的日常生活中，从而实现了 IP 价值的最大化。

案例出处：数英网. 线条小狗、Loopy 流行，轻 IP 成联名内卷解药？［EB/OL］.（2023－12－28）［2024－10－20］. https://www.digitaling.com/articles/1018065.html.

（九）社群营销

社群营销是指将一群具有共同兴趣、爱好或需求的人汇聚在一起，通过感情联系以及社交平台等工具将他们紧密连接，通过有效的管理和运营手段，保持社群成员的高活跃度，并设定共同目标或任务，以此增强社群成员的集体荣誉感和归属感。这一过程中，品牌得以在社群中加深印象，提升品牌的凝聚力，从而实现品牌推广、产品推广等营销目标。

社群在一定程度上具有自我运作的能力，成员间的互动和分享能够催生出新的创意和想法，为品牌带来意想不到的价值。同时，由于社群成员的高黏性和忠诚度，营销效果往往更加持久和有效。

社群营销为品牌提供了一个与消费者直接互动的平台，有助于加深消费者对品牌的认知和印象。在面对危机事件时，社群可以成为企业与消费者沟通的重要桥梁，帮助企业及时传递信息、澄清误解、恢复信誉。

课堂讨论

你是否曾通过社交媒体或其他新媒体方式，加入与你有共同兴趣爱好的人组成的社群？

社群的日常互动或信息交流中是否存在营销的内容？这些内容是如何呈现的？

（十）跨界营销

新媒体的跨界营销是指企业利用新媒体平台，通过与其他行业、品牌或文化符号的合作，实现资源共享、优势互补，以达到宣传、销售产品或服务、提升品牌形象等目的的一种新媒体营销模式。

跨界营销能够将不同行业、不同产品、不同偏好的消费者之间所拥有的共性和联系，把一些原本毫不相干的元素进行融合、互相渗透，进行彼此品牌影响力的互相覆盖，并赢得目标消费者的好感。

跨界营销的本质是不同元素之间的融合与碰撞。而新媒体平台为创意的展现提供了丰富的形式和手段，使得跨界合作能够产生更多新颖、独特的营销创意，让线上与线下的“跨界”形成综合性的联动。

相关案例

瑞幸咖啡与茅台的跨界营销

瑞幸咖啡与茅台的跨界营销，无疑是一次大胆且成功的尝试。通过联名推出“酱香拿铁”，这一看似“门不当户不对”的组合却在咖啡界掀起了巨大波澜。这一创新不仅为瑞幸带来了刷新单品销售纪录的成绩单，更是让茅台这一传统酒企成功“拥抱”了年轻人的日常生活，开拓了新的市场视野。随着“茅台冰淇淋”“酒心巧克力”“茅台鸡尾酒”等一系列衍生跨界产品的热议，茅台的品牌形象在年轻人群体中得到了极大的提升和拓展。

瑞幸咖啡选择将“酱香拿铁”作为长期爆款产品来经营，这一策略无疑是非常明智的。他们通过不断升级“酱香红杯”的设计，以及与知名普法博主罗翔合作拍摄广告等后续跟进措施，为品牌持续吸引了大量的关注和流量。这种跨界的营销方式不仅让瑞幸和茅台两者双双得利，更成为跨界营销的经典案例，为其他品牌提供了宝贵的借鉴经验。通过这次合作，瑞幸和茅台都成功地打破了传统行业的界限，共同探索出了新的市场机遇和商业模式。

案例出处：澎湃新闻. 营销复盘：瑞幸×茅台，“酱香拿铁”的顶流之路［EB/OL］.（2023－09－13）［2024－10－11］. https://www.digitaling.com/articles/980020.html.

你在身边看到哪个品牌联合其他品牌做了跨界新媒体营销，它们是如何完成跨界利益点的交换？又是如何展开营销推广的？

本讲小结

1. 新媒体运营作为一项系统性工作，可以从战略角度、职能角度、操作角度进行全面理解。

2. 用户运营、产品运营、活动运营和内容运营不仅是新媒体运营的四大经典模块，也分别构成国内新媒体运营发展历史四个阶段的不同侧重点。

3. 新媒体运营在企业的实际应用中，四大经典运营模块会进行重新组合，衍生出五类模块，包括社群、网站、流量、平台及店铺。可以尝试将经典模块的思维方式与执行技巧迁移到衍生模块。

4. 当前的营销方式，尤其新媒体营销方式，是在吸收利用了消费心理学、“符号价值”等原理的基础上形成的。

5. 新媒体营销沿用了传统营销的诸种模式，并在“互联网＋”的思维下具体派生出至少十大模式，包括饥饿营销、事件营销、口碑营销、情感营销、互动营销、病毒营销、借势营销、IP 营销、社群营销、跨界营销。

6. 应该辩证地看待新媒体营销的利弊之处，既有批判思维，也应承认其经济价值。

勾俊伟. 新媒体运营［M］. 北京：人民邮电出版社，2018.
张向南. 新媒体营销案例分析［M］. 北京：人民邮电出版社，2017.

第六讲　数智媒体的网络直播与数字人技术

在广播作为第一大众媒介的时代，曾出现过这样一则“直播事件”，来自后来著名的电影导演奥逊·威尔斯。他策划的一场基于广播直播的虚构的“外星人入侵地球”事件，在当时引起轰动。

拓展阅读

奥逊·威尔斯的广播“恶作剧”

奥逊·威尔斯（Orson Welles）在 1938 年通过广播节目“恶作剧”般地播送《世界大战》（*War of the Worlds*），这是 20 世纪媒体史上的一个经典事件。它被认为是广播媒体早期影响力的一个重要标志，既反映了大众媒介在塑造公众舆论方面的强大潜力，也凸显了当媒介素养不足时，公众容易被误导。

20 世纪 30 年代，美国正处于大萧条的尾声。广播作为一种新兴的传播媒介迅速普及，它提供了比报纸更即时、更生动的新闻报道和娱乐节目。在这一背景下，广播逐渐成为美国公众获取信息和消遣的主要方式。奥逊·威尔斯是哥伦比亚广播公司（CBS）旗下《水星剧场》（*The Mercury Theatre on the Air*）节目的主持人和导演，以其独特的戏剧性叙事风格和大胆创新的节目形式而闻名。

《世界大战》原本是英国作家赫伯特·乔治·威尔斯（Herbert George Wells）于 1898 年创作的一部科幻小说，讲述了火星人入侵地球的故事。奥逊·威尔斯和他的团队决定将这个故事改编为广播剧，并以“现场新闻广播”的形式呈现。节目的大部分内容被设计成模拟新闻广播，描述火星人入侵新泽西州格罗弗斯米尔的情景。

在 1938 年 10 月 30 日的万圣节前夕，这期节目以正常的广播节目开场，但很快转为“打断”新闻的形式，报道“火星人登陆”的最新进展。节目团队使用了现场采访、专家讨论和紧急新闻插播等多种手段，以高度逼真的方式模拟了新闻播报。该广播剧在播放前的介绍部分提到它是虚构的，但许多观众因为收听时间较晚而错过了这一声明，导致他们误以为事件是真实的。

因为节目的逼真表现，许多听众误以为这一事件真实发生。据当时的一些报道描述，听众中出现了大规模的恐慌，许多人打电话给警察局、新闻社，甚至试图逃离家园。也有人前往“事发地”探查，还有人祈祷、请求庇护。实际上，很多听众直到节目后期才意识到了这只是一个虚构节目。

尽管事件引发了社会恐慌，奥逊·威尔斯却因此一夜成名。这场“恶作剧”不仅提升了他的知名度，还成为他职业生涯的转折点。两年后，威尔斯拍摄了电影《公民凯恩》(*Citizen Kane*)，成为电影史上的经典作品，而《世界大战》的广播直播也常被视作他创意才能的早期展现。

奥逊·威尔斯的《世界大战》广播剧是一场有意的媒介实验。这一事件成为传播学、新闻学和心理学领域的经典研究案例。它显示了广播作为大众媒介的直播方式及其传播力，在制造舆论、影响大众行为方面的强大力量。

在如今的网络直播条件下，这样的直播内容或方式是否还会产生相应的效果？为什么？

一、从直播到网络直播

直播作为一种即时信息传输的媒介形式，自广播和电视时代发展至今，经历了不同的技术变革和社会文化适应。在广播和电视时代，“直播”主要是指通过无线电波或有线电视实时传输音频或视频内容；而在新媒体时代，网络直播则借助互联网和智能设备，结合互动性、个性化等特征，形成了新型的传播形式。

广播直播的概念可以追溯到20世纪20年代，随着无线电技术的发明和推广，实时传输音频成为可能。最早的广播直播之一是在1920年11月，美国匹兹堡的KDKA电台进行的总统大选结果实时广播。这场直播被认为是世界上首次真正意义上的广播直播，标志着广播媒介的出现和兴起。

但在广播时代，由于技术的局限性，直播内容主要依靠语言和声音效果来传达信息。广播直播是单向的，直播节目通常是面向不特定的大众，如新闻报道、音乐节目、体育赛事等，意在为广泛的受众群体提供共同的文化体验。

而电视直播的起源可追溯到20世纪三四十年代。当时，随着电视技术的发展，广播和电视公司开始尝试实时视频传输。电视直播最早的一个里程碑事件是1936年德国柏林奥运会的部分实况转播。第二次世界大战后，随着技术的进步，电视直播逐渐普及，成为主流的新闻报道和娱乐形式。

与广播相比，电视直播增加了图像元素，结合了声音和画面，为观众提供了更加直观的体验。电视直播在提供新闻时的即时性和权威性，成为公众了解实时事件的主要途径。尽管电视直播相较广播更具吸引力，但其本质上仍是一种单向传播。

网络直播起源于20世纪到21世纪之间，随着互联网技术的成熟和带宽的增加，网络视频直播开始成为可能。最早的网络直播形式可以追溯到1995年，当时的RealAudio公司开发的流媒体技术，使得在网络上进行音频和视频实时传输成为现实。2000年代后期，社交媒体的发展与智能手机的普及进一步推动了网络直播的发展。

网络直播体现出以下特点。

（1）个性化与去中心化：相比于传统广播和电视的集中化传播，网络直播更具个性化和去中心化。任何人都可以成为内容创作者，内容的制作和发布门槛大大降低，传播主体从少数精英扩展到广大用户。

（2）互动性与多向传播：网络直播具有显著的互动性特点。观众不仅可以观看内容，还可以通过弹幕、评论、打赏、投票等形式与主播或其他观众互动，形成多向的传播模式。

（3）实时数据反馈与算法推荐：网络直播平台可以实时收集用户的观看数据，并基于大数据和算法推荐系统向用户推送个性化内容，从而增强用户的观看体验和黏性。

（4）低成本与高灵活性：相较于传统电视直播，网络直播的成本更低，门槛更低。只需一台智能手机和互联网连接，任何人都可以开启直播。灵活的直播时间和形式为内容创作提供了极大的自由度。

（5）多元化的变现模式：网络直播的经济模式多样，包括观众打赏、广告、付费会员、电子商务带货等，这些变现模式推动了网络直播平台的快速发展。

而与传统的广播电视直播相比，网络直播体现出以下优势：

首先在传播方式上，是单向与多向的区别。广播和电视直播基本上是单向传播，观众只能被动地接收信息。而网络直播则是多向互动的，观众可以与主播实时互动，参与内容的生成和传播，形成用户主导的传播生态。

其次在内容生产的主体和形式的多样化方面，传统广播和电视直播内容的生产主体多为机构和专业团队，内容形式较为固定和正式；而网络直播内容生产主体多样化，从个人主播到企业品牌，内容形式也涵盖了生活日常、游戏、教育、购物等各个方面，呈现出高度的碎片化和个性化。

最后在商业模式与经济结构上，广播和电视直播的经济模式多依赖于广告、订阅费等传统方式；而网络直播则发展出多种新的商业模式，如用户打赏、直播带货、付费内容等，形成了更加多元和灵活的经济结构。

然而，与传统广播和电视直播内容的专业性和权威性相比，网络直播由于人人可参与，内容质量良莠不齐，存在信息虚假、低俗炒作等问题，这需要更高的媒介素养来加以辨别。

“吃播”

“吃播”是一种网络直播形式，指的是主播在直播平台上通过摄像头展示自己吃饭或品尝食物的过程。该类型的直播通常由主播在与观众实时互动的同时，享用大量的食物或者品尝各种特色美食。由于这种形式带有较强的娱乐性、视觉冲击力和社交互动性，迅速在全球范围内流行起来。

“吃播”最早起源于韩国，韩语中称之为“먹방”（Mukbang），是“吃”（먹다）和“直播”（방송）的合成词。Mukbang 起源于 2009 年至 2010 年期间，当时韩国网络上开始流行一种新的直播内容形式，这些视频主要展示主播在摄像头前大快朵颐的场景。

从网络文化上考量，由于社交生活趋向于在线化，许多年轻人和单身人士在独自生活时渴望与人沟通交流，吃播的出现正好弥补了这种孤独感。通过观看主播吃饭，观众在心理上获得了一种“陪伴感”。

此外，对于某些观众来说，吃播提供了一种视觉和心理上的“代餐”体验。观众通过观看主播大吃特吃来满足自己不能或不愿吃大量食物的欲望，尤其在节食减肥或健康饮食的背景下，这种“替代性体验”获得了相当的受众群体。

但随着“吃播”开始发展成为一种全球化的网络直播现象，其内容形式也变得更加多样化，发展出“美食探店吃播”“烹饪与吃播结合”“主题化与故事化吃播”等多种形式。

总之，“吃播”不仅反映了技术进步带来的新的社交模式和经济模式，也引发了关于健康、文化、消费主义等诸多社会议题的讨论。

课堂讨论

你是否通过网络直播平台或视频网站看过“吃播”？

“吃播”的各种直播内容形式，在传统的广播电视的直播内容中是否存在对应物？

二、中国网络直播发展阶段简史

中国网络直播的发展历程可以追溯到 21 世纪初。伴随着互联网技术、移动通信技术的进步和社交媒体的普及，网络直播迅速发展成为一种重要的媒介和社交形式。其演变历程不仅反映了技术和平台的发展，还受到了政策监管、文化变迁、市场需求等多重因素的影响。可以将中国网络直播的历史分为五个阶段，每个阶段都有其独有的特征和影响因素。

（一）网络直播的萌芽（2000—2005年）

在拨号上网和宽带上网刚兴起的时期，网络速度普遍较慢，网民的上网活动主要集中在文字聊天、新闻浏览和论坛讨论等方面。此时的互联网内容以文字和图片为主，视频直播尚不具备实现条件。因此，这一时期的“直播”形式实际上是基于图文的，用户通过论坛“追贴”或即时聊天工具的“分享”等方式了解事件的最新进展。

例如，重大体育赛事或突发新闻事件时，网络媒体会通过图文实时更新来“直播”现场情况。这种图文直播也广泛应用于体育比赛、选秀节目和新闻报道等领域。此时，平台的功能主要依靠手动刷新和实时更新，用户体验简单而有限。

尽管技术有限，这一时期的图文直播为网络实时信息传播的兴起奠定了基础。图文直播推动了网络社区的活跃度，为后来的直播形式探索了观众的需求和互动模式。同时，互联网开始成为公众讨论和参与社会事件的重要平台。

2G时代手机上的体育赛事直播

2G网络，即第二代移动通信网络，主要提供语音通话和低速数据传输服务，最高理论传输速率仅为56～114 kbps。由于带宽和网络速度的限制，2G时代的手机直播通常无法支持高质量的视频流，因而早期的直播方式大多以低分辨率的视频、图片和文字更新为主。

例如，用户可以通过无线应用协议（Wireless Application Protocol，WAP）浏览器访问一些体育新闻网站，或使用短信、彩信的方式接收赛事实时比分和文字解说，主要采用一种“信息流”的方式。这种方式虽然无法满足用户对高清直播的需求，但已经开始为移动用户提供了便捷的实时赛事信息获取渠道。

在2G时代，像“直播吧”这样的体育资讯平台迅速崛起，成为体育迷获取实时赛事资讯的主要渠道之一。这一阶段的创新之处在于，将体育赛事的关注点从“视觉观看”转向了“信息获取”，为后来的3G、4G甚至5G条件下更加丰富和多样化的直播体验打下了基础。

（二）初步发展阶段（2005—2010年）

随着宽带技术的普及和网速的提升，视频内容开始逐渐渗透到网民的日常生活中。此时，由于计算机运行速度和内存容量的限制，视频直播的形式较为简单，主要以“秀场直播”为主。

秀场直播的出现依赖于网络视频技术的进步以及网页、客户端的逐渐成熟。典型的秀场直播平台，如9158、六间房等，允许用户观看视频和与主播进行基本互动。观众可以通过购买虚拟礼物等形式支持主播，直播平台则通过虚拟礼物分成和广告收入等方式获利。

这一时期的直播模式注重娱乐性和互动性，用户可以通过虚拟礼物和弹幕与主播互动，逐渐形成了基于粉丝经济的商业模式。这种模式不仅为平台带来了巨大流量，也成为网络直播经济的雏形。秀场直播的成功吸引了大量用户和资本的关注，为之后的直播生态多样化发展打下了基础。

秀场直播虽然推动了网络互动娱乐的发展，但也暴露了不少社会问题，如过度娱乐化、内容低俗化等。这一阶段，政府开始逐渐意识到网络直播的社会影响，初步形成了政策监管的框架。

拓展阅读

秀场直播与“打赏”

秀场直播与“打赏”模式的兴起，反映了数字时代文化娱乐和社交互动方式的变革，也展示了网络直播产业的巨大商业潜力。然而，其背后潜藏的伦理问题、社会风险和法律挑战，值得深入反思和审视。

与其他类型的直播（如游戏直播、教育直播等）相比，秀场直播更注重主播的个人才艺展示、互动性和娱乐性。主播通常通过唱歌、跳舞、聊天、搞笑等形式吸引观众，而观众则可以通过送礼物和“打赏”的方式表达支持和喜爱。打赏作为秀场直播的核心盈利模式，不仅推动了直播平台的快速发展，还带来了多方面的社会、经济和文化影响。

例如，YY 直播作为中国最早的秀场直播平台之一，在“打赏”经济的开创和发展中扮演了重要角色。在“打赏”模式下，主播的收入与其粉丝的打赏金额直接挂钩，因此激励主播通过各种方式吸引更多观众并鼓励打赏。而快手作为另一个主流的短视频和直播平台，也深深植根于“打赏”文化之中，其主播大多来自基层和农村地区，直播内容也更加接地气，涵盖了生活方方面面。这种“草根文化”使得快手的打赏模式更具普惠性，观众通过少量的打赏支持他们喜欢的内容创作者，形成了较强的社群认同感和互动性。即便如此，“头部网红”也能通过打赏的模式吸引巨额的金额。

秀场直播与“打赏”模式的成功不仅推动了直播产业的发展，也引发了诸多社会、文化和伦理问题。首先，“打赏”行为在一定程度上改变了传统的消费观念，催生了新型的虚拟消费文化。在这种文化下，观众与主播之间的互动关系被转化为经济关系，打赏成为一种表达支持与认同的方式。然而，这种经济关系背后的复杂性也不容忽视：高额打赏行为往往掺杂着炫耀心理、攀比心理，甚至是不理性消费。

（三）快速扩张阶段（2010—2015 年）

随着计算机硬件技术的发展，特别是多核处理器、独立显卡、宽带网络等技术的升级，网民可以在计算机上进行多线操作，游戏直播随之兴起。

2011年，美国的Twitch. TV从Justin. TV分离，成为全球首家专注于游戏直播的平台，并迅速获得了大量游戏玩家的青睐。在中国，2013年YY游戏直播上线，2014年斗鱼直播成立，这些平台将秀场直播的互动元素与游戏内容相结合，迅速扩展了市场规模。YY语音在早期网游领域的应用也为游戏直播平台的兴起奠定了用户基础。

游戏直播带来了新的互动模式和观看体验，观众可以实时观看主播的游戏操作，与主播互动讨论。电竞赛事和职业选手的崛起推动了游戏直播的专业化进程，进一步加强了直播内容的多样性。而随着直播平台竞争的加剧，内容专业化和用户体验成为平台获取市场份额的关键。礼物打赏、会员订阅、广告合作等多种商业模式逐渐成熟，直播平台成为游戏产业链的重要组成部分。

随着直播平台的发展，平台内容的规范化成为监管重点。2016年以来，国家网信办出台了《互联网直播服务管理规定》等政策，要求平台加强对内容的审核与监管，以防止内容的低俗化和违规化。

（四）全民直播阶段（2015—2017年）

随着智能手机的快速普及和4G网络的推广，移动互联网逐步提速降费，直播进入全民移动直播时代。各种直播平台开始呈现“百花齐放”的局面。

2015年，映客、熊猫、花椒等直播平台纷纷布局移动端，迅速崛起。相比于PC端，移动端直播更强调即时性和便携性，用户可以随时随地地观看和参与直播。移动直播的内容覆盖了生活的各个方面，包括美食、旅游、健身、教育等领域。2016年被称为移动直播的“爆发年”，直播不仅是一种社交方式，也成为一种新型的内容生产和消费方式。

2017年，经历了行业的快速扩张后，直播行业开始进入整合期。大量小型平台被淘汰，只有具备稳定内容供应和用户基础的平台得以存活。这一阶段，直播的商业模式更加多样化，广告、打赏、电子商务等多种变现方式并存。

（五）内容升级与多元化发展（约2017年至今）

随着直播行业的发展成熟，各大平台纷纷寻求内容升级和多元化发展，明星+直播成为一种新的发展方向。平台与明星艺人合作，借助明星效应提升平台影响力和用户黏性。直播与电商、短视频、综艺等形式的融合进一步深化，形成了“直播+电商”“直播+娱乐”等多样化的内容生态。直播成为明星与粉丝互动的新形式，也推动了“饭圈经济”的发展。

这一阶段，直播逐渐成为一种跨界融合的平台，不仅仅是内容传播的工具，更是文化、商业和社交的重要载体。未来，随着技术的进一步发展，如AR、VR、AI的引入，直播行业将继续向沉浸式、智能化方向发展。

继移动直播后，有人预测“下一个直播时代将是 VR（虚拟现实）和 AR（增强现实）的时代”，可穿戴设备将成为下一个直播时代的主要观看入口。

你觉得是这样吗？为什么？

三、网络直播平台及其特点

网络直播平台的类型多样，不同平台的功能设计、用户群体和运营模式各具特色。中国网络直播平台的发展迅速，各大平台根据市场需求和用户兴趣不断细化分类，形成了以综合类、游戏类、秀场类、商务类和教育类为代表的多元化直播平台生态。每种类型的直播平台都具有其特定的特征和市场定位。

（一）网络直播平台的类别

1. 综合类直播平台

综合类直播平台的特点在于内容多元化与用户选择的自由度，包含丰富多样的直播类目，涵盖游戏、户外、秀场、校园、购物、体育等多种类型，旨在满足用户的不同兴趣爱好和观看需求。典型的平台如斗鱼、虎牙、B 站等，用户可以根据自己的兴趣选择不同类型的直播内容。

综合类直播平台的优势在于其内容的多元化和用户选择的广泛性，它通过整合各种类型的直播内容，吸引不同兴趣圈层的用户，打造一个高度开放和互动的网络社区，形成强大的用户黏性和流量优势。

综合类直播平台通常通过广告、打赏、会员订阅、虚拟礼物、直播电商等多种方式实现商业化。其用户体验多样，既能提供高互动性的娱乐内容，也能提供更为专业或垂直化的知识类、生活类内容，适应了当下用户对多样化和个性化内容的需求。

2. 游戏类直播平台

游戏类直播平台作为电竞文化的发源地，注重在具体领域进行垂直深耕，专注于游戏内容的实时直播，通常包括电子竞技赛事直播、职业选手游戏直播、游戏技巧分享和娱乐直播等内容。代表性的平台如 Twitch、斗鱼、虎牙等，致力于服务于广大的游戏爱好者和职业玩家群体。

与体育爱好者对赛事和明星的热情相似，游戏爱好者倾向于规律性地登录游戏直播平台，追随某位游戏主播或观看某项电竞赛事。电竞文化的兴起和游戏产业的发展推动了这类直播平台的快速成长。

游戏类直播平台的商业模式主要依赖于广告收入、用户打赏、订阅费用、电竞赛事版权销售等。同时，这类平台也是游戏推广和营销的重要渠道，对游戏产业链的上下游（如游戏开发、赛事运营、周边产品销售等）有着深刻的影响。

3. 秀场类直播平台

秀场类直播平台是直播行业较早发展起来的一种模式，平台上的主播通过展示歌唱、舞蹈、表演等才艺来吸引观众。秀场类直播平台形成了娱乐互动与粉丝经济的创新模式。观众可以通过购买虚拟礼物等方式支持喜欢的主播，形成了一种基于虚拟礼物打赏的粉丝经济模式。典型的秀场直播平台有 9158、六间房、酷狗直播等。

自 2005 年在中国兴起以来，秀场类直播平台凭借其较高的用户互动性和娱乐性迅速获得大量用户，特别是在早期互联网娱乐资源匮乏的背景下，这类平台通过直播房间、虚拟礼物、排名榜单等机制，创造了较强的用户黏性。

秀场类直播平台在提供娱乐的同时，也面临内容监管、低俗化、商业化过度等问题的挑战。随着行业监管的加强和市场需求的变化，秀场类直播平台开始探索内容的多样化和转型，逐渐融入更健康的互动方式和内容导向。

4. 商务类直播平台

商务类直播平台以商业属性为核心，企业或品牌通过直播平台进行产品展示、品牌宣传和营销推广，具有较强的目的性和导向性，是低成本高效益的营销新渠道。典型的商务类直播平台包括淘宝直播、京东直播、抖音直播等，这些平台侧重于与电商或品牌广告的深度整合。

商务类直播平台的核心在于通过直播的形式进行商品推广和销售转化。通过实时互动、限时优惠、抽奖等方式，直播可以显著提高用户的参与度和购买欲望，实现更高的转化率和销售额。相较于传统广告，直播营销具有更低的成本和更高的回报。

随着“直播带货”模式的成熟和竞争加剧，商务类直播平台正逐步向专业化、品牌化方向发展，注重用户体验、场景化营销和数据驱动的精准投放。此外，直播与其他营销手段（如短视频、社交媒体）之间的融合趋势也越来越明显。

5. 教育类直播平台

教育类直播平台结合了传统在线教育与实时互动的特点，旨在通过直播的形式增强学习者与教师之间的互动和反馈，提高学习体验的即时性和参与感。代表性的平台如网易云课堂、沪江 CCTalk、千聊、荔枝微课等。

传统的在线教育方式多以视频、语音、PPT 等形式呈现，虽然信息丰富，但互动性不足。教育类直播平台的兴起正是为了弥补这一缺陷，通过实时直播答疑、讲解、讨论等方式，显著增强了教学过程的互动性和个性化。

教育类直播平台的商业模式多元化，既有付费课程、会员制、打赏等直接盈利方式，也有广告合作和平台分成等间接收入模式。未来，随着在线教育市场的扩大和用户对个性化学习需求的增加，教育类直播平台将在内容深度、技术创新和市场细分化方面进一步发展。

课堂讨论

为何直播平台上的“网红”或“关键意见领袖”（Key Opinion Leader，KOL）能够具备如此强大的社会影响力？

（二）网络直播营销的特点

依托于各类网络直播平台，直播营销迅速崛起，成为品牌和企业实现产品推广和销售转化的重要渠道。相比传统广告和网络营销方式，直播营销具有低成本、高覆盖、强互动和快速反馈等优势。以下是直播营销的四大核心优势及其对从业者和消费者的影响。

1. 成本：高效投入与资源优化

传统广告营销的成本随着媒体渠道的增加和用户注意力的分散而不断攀升，尤其是在电视、纸媒等传统媒体上的广告费用和投放成本越来越高。而网络营销的成本，随着竞争的加剧和平台算法的调整，也逐步增加。相比之下，直播营销的成本相对较低，特别是在场地、物料、制作和传播等方面的投入显著减少。

直播营销不需要大型的制作团队或昂贵的广告时段，只需一个相对简单的直播场景设置和专业的主播，就能达到很好的宣传效果。直播内容可以实时生成，减少了前期策划和后期制作的成本。此外，直播平台提供了现成的用户基础和互动工具，企业不必花费大量费用进行渠道开发和用户引流。这种低成本高效益的特点，使得直播营销成为中小型企业和初创品牌尤为青睐的推广方式。

我们在进行直播营销时可以采取精细化运营策略，如通过数据分析选择最佳的直播时间和频率、挑选最适合品牌形象的主播，以及合理安排优惠活动和互动环节，从而最大限度地提升投资回报率。

2. 覆盖：直观体验与场景沉浸

在传统网络营销模式中，用户需要通过浏览产品图文、观看宣传视频或查阅产品参数等方式了解商品信息，这种信息传递方式较为单向且不直观。用户需要凭借文字和图片自行构建产品使用场景，难以形成深刻的体验感。

直播营销能够通过主播的现场展示，如试吃、试玩、试用等，将产品的特点和使用效果直观地呈现给观众，使用户快速进入体验场景。通过高效的情景再现，直播营销能够有效缩短用户的认知过程和决策时间。特别是在产品介绍、功能展示和效果对比等方面，直播具有无可替代的优势。

我们可以根据产品特点选择不同的直播形式和场景。例如，对于食品和化妆品类产品，可以重点展示试吃、试用的过程；对于家电和电子产品类，则可以通过现场测试和功能演示来吸引观众的注意。通过营造真实可信的体验场景，企业能够显著提升用户的购买意愿和品牌好感度。

3. 效果：情境引导与即时转化

传统广告营销的转化路径较长，用户需要从了解、对比、信任到最终购买，而这个过程中会流失大量潜在客户。相比之下，直播营销的即时性和互动性使得销售转化过程更加顺畅和直接。

在直播过程中，主播通过现场推荐、产品演示、情感表达和互动反馈等手段，能够营造一种“社交场景”和“购物氛围”，促使观众产生购买冲动。特别是通过“看到很多人都在下单”“感觉主播使用这款产品效果不错”等信息传递，可以利用从众心理和信任效应，促进观众的即时购买决策。

在策划直播营销时，可以通过精心设计主播的台词、优惠政策、限时促销、抽奖活动等环节，激发用户的购买欲望。同时，不断优化直播过程中用户的下单路径和支付体验，减少购物过程中可能出现的障碍，提升整体的转化率。

4. 反馈：互动分析与持续优化

在传统营销中，企业往往通过问卷调查、用户评论等方式收集顾客的反馈，这种方式不仅耗时费力，而且反馈效果较差。缺乏有效的互动机制导致企业难以及时掌握用户的真实需求和体验。

直播营销的核心在于其强互动性。通过直播平台的弹幕、评论区和点赞等功能，观众可以即时反馈对产品的看法、使用体验和改进建议，这为企业提供了宝贵的用户数据。企业可以通过这些反馈，快速调整营销策略、优化产品设计和改善用户体验，从而形成营销闭环，实现产品和服务的持续迭代和优化。

我们可以在直播过程中设置专门的互动环节，如观众提问、意见征集、体验分享等，鼓励用户参与并表达观点。同时，直播结束后，企业可以对观众的反馈和数据进行系统分析，形成详细的用户画像和市场洞察，为下一次直播策划提供精准的指导。

结合你的专长，如果由你自己开播一档网络直播，你会选择直播什么内容？

四、AI 数字人技术与网络直播

随着人工智能和数字技术的快速发展，数字人技术在网络直播中的应用日益广泛。数字人直播不仅突破了传统直播形式的限制，也为观众提供了更加丰富的互动体验。通过人工智能的强大计算能力，数字人可以在虚拟环境中模拟真人的外观、表情、动作、声音等，并实时与观众进行互动。

（一）数字人的技术原理

数字人技术的工作原理涉及多个高度集成的计算机科学领域，其运作通常包括以下几个步骤。

（1）模型构建：数字人直播的首要步骤是构建虚拟人物模型。这个模型不仅包括外观上的特征，如面部特征、发型、服饰等，还包括行为特征，如面部表情、身体语言、语音特征和动画效果等。这些外观和行为特征通过计算机图形学、动作捕捉和人工智能算法进行设计和实现，以确保虚拟人物能够表现出自然且多样化的动作和情感。

（2）语音和图像处理：在数字人直播过程中，计算机需要实时采集和处理用户的语音和视频数据。通过高级语音识别和图像识别技术，系统能够将用户的声音和表情转化为数据输入，用于驱动虚拟人物的响应。语音和图像处理不仅需要高效的算法，还依赖于大量的训练数据，以提高识别的准确度和反应的灵敏度。

（3）自然语言处理（Natural Language Processing，NLP）：当用户通过语音或文字向数字人发出指令或消息时，系统会使用自然语言处理技术来理解用户的意图。NLP技术不仅能够分析语法和语义，还能结合上下文和用户历史行为，生成相应的回应。这使得数字人在与用户互动时显得更加智能和人性化。

拓展阅读

自然语言处理（NLP）技术

自然语言处理（NLP）是人工智能相关技术的一个重要分支，主要研究如何让计算机理解、生成和处理人类自然语言。NLP 技术旨在通过计算机算法对人类语言的语音、文本和语义进行分析和理解，使得机器能够与人类进行自然的语言交流。在 AI 驱动的应用场景中，如智能助手、机器翻译、聊天机器人和数字人，NLP 起着核心作用。它的实现涉及计算语言学、计算机科学和人工智能的多学科交叉领域。

NLP 技术基础主要依赖于统计学方法、机器学习（Machine Learning）和深度学习（Deep Learning）。在早期，NLP 系统多基于规则和词典的方式进行语言处理，这种方法被称为“基于规则的自然语言处理”。这些规则通常是由语言学家手动定义的，虽然在特定的狭窄应用中表现出色，但其局限性在于难以扩展到更为复杂的语言环境。随着计算机性能和数据处理能力的提升，统计语言模型开始出现，这些模型通过大规模的语料库训练概率模型来预测词序和上下文。

进入 21 世纪后，机器学习技术逐渐成为 NLP 的主流方法，特别是基于有监督学习的模型。随后，深度学习的快速发展进一步推动了 NLP 技术的革新。近年来，基于深度学习的预训练语言模型进一步提升了 NLP 的能力。通过大规模语料的预训练，这些模型可以理解和生成更加接近人类的语言表达，具有更强的通用性和迁移学习能力，极大地提升了 NLP 在机器翻译、对话系统、文本生成等任务中的表现。

在数字人技术中，NLP起着不可或缺的作用。NLP技术可以帮助数字人实现关键功能，包括语言理解和语义分析、个性化对话生成、实时反馈和情感分析、多模态交互和场景适应等。

（4）实时渲染：在数字人直播过程中，所有的模型、动画和虚拟环境需要进行实时渲染。高性能的图形处理单元（GPU）和实时渲染引擎是实现这一过程的关键，确保直播画面流畅、逼真。同时，实时渲染技术还能动态调整画面内容，以适应用户的网络带宽和设备性能，优化观看体验。

（5）数据传输和交互：数字人直播需要实时传输大量数据，包括语音、图像和动画等，以保证用户与数字人之间的无缝互动和快速响应。为此，平台需要具备高效的数据传输和处理能力，采用先进的压缩算法和数据同步机制，以降低延迟和卡顿现象。

（二）数字人直播的应用情况

数字人直播的应用领域非常广泛，涵盖了娱乐、教育、商业等多个行业。随着技术的进步和市场需求的变化，数字人直播展现出巨大的发展潜力。

传统的娱乐直播通常依赖于真人主播、明星或网红来吸引观众，而数字人的出现为娱乐行业带来了新的可能性。数字人可以被塑造成虚拟的偶像或主持人，完全依靠计算机生成的形象和声音与观众互动。数字人直播可以根据预设的脚本和动作进行表演，使整个直播过程更加生动和有趣。观众可以通过弹幕、评论等形式与数字人互动，提出问题、参与游戏或讨论剧情，增强了直播的娱乐性和参与感。数字人不受时间、精力和地域的限制，可以全天候进行直播，从而显著提升用户黏性和平台活跃度。

在教育行业，数字人直播同样展现出可观的前景。传统的在线教育形式往往缺乏互动性，难以满足个性化教学的需求。而通过数字人进行直播教学，教育机构能够为学生提供更加生动和个性化的学习体验。数字人可以扮演老师的角色，利用拟人化的方式向学生讲解知识点、解答问题，并根据学生的反馈调整教学内容和方式。这种灵活性和互动性使得数字人直播教学比传统的在线视频课程更加吸引学生的注意力，能够有效提高学习效果和学生参与度。此外，数字人还可以通过数据分析技术，针对每个学生的学习进度和能力水平，提供个性化的学习建议和复习计划。

在商业领域，数字人直播同样具有广泛的应用。许多企业和品牌开始利用数字人进行产品展示和讲解，通过AI技术，数字人能够快速适应不同的行业需求和角色设定，无需额外培训即可展现专业形象。在数字人直播中，企业可以通过虚拟人物的形象和声音，生动展示产品特点和使用场景，与观众进行实时互动。观众可以通过直播平台直接购买产品或咨询相关问题，大大提高了消费决策的效率和便捷性。

央视频与数字人主播

近年来，央视频在数字人主播领域展开持续性尝试。例如，2020 年推出的虚拟主播“新小浩”，其形象基于央视主持人朱广权，采用了人工智能技术和语音合成技术，能够进行新闻播报、节目主持等任务。作为 AI 驱动的数字人，“新小浩”不但具备自然语言处理能力，可以实时播报新闻、解读热点，还能够根据观众互动生成个性化的对话内容。央视频通过“新小浩”实现了 24 小时不间断的新闻直播与互动，填补了传统新闻直播在时效性和互动性方面的空白。

在 2022 年北京冬奥会期间，央视频 AI 手语主播“聆语”是正式亮相的虚拟手语主播，专门为听障观众提供赛事信息播报和解说服务。这一创新举措不仅展示了中国在 AI 技术和数字人领域的最新应用成果，也为公共服务和包容性媒体传播开辟了新的路径。

在 2022 年全国两会这一重要政治议程期间，央视频推出的数字人主播“AI 王冠”展示了 AI 技术在新闻领域的创新应用。在两会期间推出的一档由真人主播与虚拟人主播同框互动的两会特别节目《中国新质生产力之“冠”察两会》系列报道，不仅在技术层面展示了 AI 在新闻播报领域的前沿应用，也在新闻传播、公共服务、受众体验等方面产生了重要影响，为传统媒体与数字技术的深度融合提供了新的方向。

案例出处：中央广播电视总台总经理室. 央视频再上新，总台首个 AI 超仿真主播来了！[EB/OL].（2022－03－07）[2024－09－08]. https://1118.cctv.com/2022/03/07/ARTIrSrw34I8nTpPSfAnbFQX220307.shtml.

（三）数字人直播与电信诈骗

随着数字人技术和 AI 换脸技术的快速发展，网络直播的应用场景变得更加多样化。然而，这些技术的进步也带来了潜在的风险和挑战，特别是在电信诈骗领域。犯罪分子利用数字人和 AI 换脸技术实施诈骗行为，严重威胁着人民群众的财产安全。

防范数字人等相关技术催生的电信诈骗新手段

电信诈骗手段日益智能化和复杂化，数字人技术与 AI 换脸技术的结合为诈骗分子提供了新的工具和手段，进一步加剧了问题的隐蔽性和复杂性。

其中，AI 换脸与声音模仿诈骗是一种典型手段。通过数字人技术，诈骗分子可以生成高度逼真的虚拟人形象，并利用 AI 换脸技术将目标受害者的亲朋好友的面容替换到虚拟人物上。同时，通过深度学习和语音合成技术，诈骗者可以模仿被冒充者的声音和说话方式，从而欺骗受害者。常见的操作方式是诈骗分子通过网络电话拨打陌生视频电话，并提出看似合理的理由要求视频通话，例如“身份确认”或“紧急情况需要帮助”。在视频通话中，受害者看到的是被换脸后的虚拟人物，其面貌和声音与其家人或朋友高度相似，很难分辨真假。随后，诈骗分子会要求受害者读出特定文字或短句，记录下受害者的语音数据，用于训练AI模型，生成更逼真的语音合成效果。一旦掌握了受害者的语音和视频数据，诈骗分子便会冒充受害者的身份，联系其家人、朋友或同事，编造紧急情况或危机事件（如“急需转账汇款”或“支付医药费”），迅速实施诈骗。在情急之下，受害者的亲朋好友可能因无法辨别真伪而上当受骗。

在社交平台上的虚拟人诈骗中，诈骗分子可以创建具有逼真外貌和行为特征的虚拟人账号，冒充受害者的熟人或公众人物，发布各种诱导信息。这些虚拟人不仅具备真实的头像和个人信息，还能通过文字和语音与受害者进行互动。诈骗分子通过AI生成的虚拟人账户与受害者互动，逐步建立信任关系，然后利用被冒充者的身份要求受害者提供个人信息或进行转账汇款。此外，诈骗分子还可能伪装成知名公司或公众人物的虚拟账户，通过发布看似真实的优惠信息、活动链接或软件下载链接，诱导受害者点击。一旦点击这些链接，受害者的设备可能会被植入恶意软件，导致个人信息泄露或财产损失。

随着AI技术的发展，诈骗分子也开始利用假冒的AI客服与虚拟助手进行诈骗。他们可能冒充银行或电商平台的虚拟客服，通过电话或短信联系受害者，声称其账户存在异常或需要更新信息，要求提供个人身份信息、银行账户信息或验证码等敏感数据。此外，一些骗子利用仿真的AI语音助手，通过电话自动拨打功能，向受害者提供虚假信息，诱导其进行汇款、转账或购买虚假理财产品。这种方式可以自动化操作，大幅提高了诈骗效率和覆盖面。

在一些数字人直播平台上，诈骗分子可能会创建虚假活动或发布虚假内容，利用观众的信任和互动机制实施诈骗。例如，虚假抽奖与奖励是其中一种常见方式，诈骗分子利用虚拟主播进行直播，声称开展抽奖活动或赠送礼品，但实际上是为了收集观众的个人信息或要求支付所谓的“运费”和“税费”。此外，利用虚拟主播的可信度，诈骗分子还可能推荐各种虚假的投资项目或理财产品，诱导观众将资金投入这些虚假的项目中，导致观众的财产损失。

面对这些利用数字人和AI换脸技术实施的电信诈骗威胁，社会各界需要采取更为有效的措施进行防范，需要政府、企业、平台和公众应通力合作，加强防范和技术反制，确保技术的正当应用和社会的和谐稳定。

首先，加强公众教育与警示，提高公众对数字人技术和AI换脸技术的认知水平，尤其是在识别和应对电信诈骗方面的能力，避免因信息不足而上当受骗。其次，强化平台监管与技术审查，对于涉及数字人直播和AI应用的平台，应加强监管，制定相应的审核机制和技术规范，确保相关技术的合法合规使用。再次，推进技术反制措施，利用先进的反 AI 技术，开发针对性较强的诈骗识别与预防工具，如深度伪造检测技术、异常行为分析模型等，提升电信诈骗的识别与应对能力。最后，加大法律打击力度，完善相关法律法规，加大对利用数字人和 AI 换脸实施电信诈骗行为的打击力度，形成有力的法律震慑。

（四）对数字人技术的伦理思考

在 2023 年上映的中国科幻电影《流浪地球 2》中呈现了科研人员关于数字生命的研究，探讨了一种可能性——将人的心智“数字化”后转移到不同“载体”上，从而实现某种形式的永生。这是影片对数字人技术的一个核心设想，而片中的图丫丫这一角色是一种重要的案例。尽管数字永生目前还只存在于科幻作品中，但随着人工智能技术的不断发展和脑科学的深入研究，尤其是数字人技术当前的迅猛发展和应用现状，一些关乎伦理维度的思考开始值得我们留意。

如果说科幻电影中的数字生命体被赋予了类似于真实生命体的情感和行为能力，那么相似的话题也引发了一个即将在现实中出现的伦理问题：这些虚拟生命体是否应该拥有自主权和权利？在现实世界中，随着数字人技术的进步，我们也逐渐面临着类似的问题。数字人不仅可以模拟人类的外观和行为，还可能具备一定的决策能力和互动能力。如何界定这些数字生命体的自主性，是否应赋予它们某种形式的权利和保护，是一个需要深入探讨的伦理问题。

例如，当数字人被用于商业用途时，它们是否应受到某种程度的道德和法律保护？如果一个数字人被赋予了模拟人类情感的能力，是否意味着它应当享有类似于人类的尊重和保护？这些问题不仅涉及技术层面，还关乎伦理和法律的制定。

AI“复活”技术的伦理问题

AI“复活”技术随着 AI、生物信息技术和数字影像传播的飞速发展而逐渐走进日常生活，并满足了人类对生命延续和情感联结的深层次需求。

其优点主要包括情感疗愈，能够为生者提供与逝者“相见”的机会，有助于情感上的寄托和疗愈，并推动了 AI、生物信息学等相关领域的技术进步和应用拓展。当前，该技术在商业领域，如殡葬服务、数字娱乐等，该技术也具有广阔的市场前景。

当前 AI“复活”的技术具体应用方式主要包括以下几个方面：

（1）动图单向呈现模式，即通过高清修复、语音合成等技术将静态照片转化为动态图像，提供短暂的情感慰藉。

（2）虚拟情景再现模式，即利用数字建模、动作捕捉等技术重建逝者形象，置于虚拟或现实情境中，创造逼真的互动体验。

（3）类智能交互模式，即通过生成式 AI 技术，使逝者能够以生前的语言习惯与表达方式与生者进行交谈，实现更高级的情感交流。

然而，该技术也存在社会伦理层面的问题。例如，它可能让生者陷入过度的情感依赖，对心理健康造成负面影响；同时，这种技术也模糊了生死界限，挑战传统生命伦理观念，引发社会争议。另外，现有法律法规尚未完善，涉及肖像权、隐私权、数字遗产继承权等问题。

课堂讨论

数字人技术在提供网络直播内容、受众情感慰藉和探索数字永生方面展现了显著的潜力，但它也引发了诸多伦理和法律问题。你认为在推进这些技术的同时，该如何平衡技术进步与伦理、法律的挑战？具体而言，如何制定相关的法律法规来保护个体的隐私和肖像权，同时避免技术对心理健康产生负面影响？

本讲小结

1. “直播”早在广播电视作为第一大众媒介的时代就已发展出相对成熟的技术手段、内容形态，但在互联网直播的时代，又进一步出现了相应的方式与形态。

2. 依据互联网直播的不同内容形态，产生出各种直播平台，并在发展过程中催生出不同的“网红”。

3. 数字人与 AI 等技术，对互联网直播的发展带来新的挑战，并进一步引发我们对于“人”的主体性地位的思考。

参考文献

中央广播电视总台总经理室．央视频再上新，总台首个 AI 超仿真主播来了！［EB/OL］．（2022－03－07）［2024－09－08］．https://1118.cctv.com/2022/03/07/ARTIrSrw34I8nTpPSfAnbFQX220307.shtml.

新华网．“AI 诈骗潮”真的要来了？［EB/OL］．（2023－06－08）［2024－09－08］．http://www.news.cn/legal/2023－06/08/c_1129679772.htm.

刘永昶．人工智能“复活”技术的兴起、类型及社会影响［J］．人民论坛，2024（11）：46－50.

第七讲　数智媒体的 AIGC 文案写作

本讲引入

2002 年，中国著名科幻作家刘慈欣曾在他一篇博文《电子诗人》中如是写道：“新世纪将临，你们一定想从本世纪带些土特产过去。想来想去，想到一样：诗人。诗人当然不是本世纪的产物，但肯定是在这个世纪灭绝的，诗意的世纪已永远消失，在新世纪，就算有诗人，也一定像恐龙蛋一样稀奇了。”

“电子诗人”是《三体》作者刘慈欣在 1989 年写的程序，灵感来自斯坦南斯拉夫·莱姆的科幻作品《第一次旅行：特鲁尔的电子诗人》。他看完这篇杰作后，埋头苦干了一周时间，“把莱姆的幻想至少部分变成了现实”，他造出了一个电子诗人，作为送给大家的 21 世纪礼物。借用吉布森在《神经漫游者》中的话，刘慈欣开始萌生出电子诗人的构想。

“电子诗人”用 VF 编程，含五个程序模块，六个词库，一个语法库，没有图形控件，仅 125 KB，用大刘自己的话说，“虽不漂亮了，一副 DOS 样，但十分苗条”。据 20 世纪大刘在一台“老态龙钟的 166MMX 机”上进行的最新测定结果，其产诗量为 200 行/秒（不押韵）或 150 行/秒（押韵）。

相关案例

“电子诗人”的《作品第 28611 号》

小行星被呼唤
在固体的周围，只有胶状的稻田
不，我不想飞翔!!
我思念

三角函数被观看了！
在仙女座的周围，只有活的巨川
不，我不想自我吞食!!

我沉淀

蜻蜓被捏住了！
在东方快车的周围，只有哇哇叫的弓箭
不，我不想冒烟!!
我交谈

禁闭室被警告了!!
在剑的周围，只有吱吱响的时间
不，我不想梦游!!
我腐烂

案例出处：刘慈欣个人博客博文. 电子诗人［EB/OL］.（2006－04－14）［2024－08－20］. https://blog.sina.com.cn/s/blog_540d5e8001000329.html.

一、新媒体文案创作的特点

（一）新媒体文案的概念

新媒体文案的概念可以从广义和狭义两个层面来理解和阐释。

在狭义层面，新媒体文案则指的是标题、副标题、活动主题、广告语等具体的文本形式。这些文案往往简短而有力，旨在通过精准的语言和独特的表达方式迅速抓住受众的注意力。狭义的新媒体文案注重语言的简洁与力量，通过巧妙的措辞和精确的表达，直接传达品牌信息或活动主题，以期在短时间内激发受众的兴趣和共鸣。

在广义层面，新媒体文案不仅仅限于文字的简单组合，而是涵盖了语言、文字、创意想法、图片、视频、音频等多种元素的综合运用。它包括创意构思、视觉表达、互动设计以及各种媒体形式的整合。新媒体文案的广泛应用不仅体现在广告、市场营销领域，还扩展到社交媒体、数字艺术、品牌传播等各个方面。它要求文案创作者不仅具备优秀的语言表达能力，还需熟悉各种媒体的特点与用户行为习惯，能够将创意巧妙地融入多种媒介中，使信息传播更具感染力和效果。

无论是狭义还是广义的新媒体文案创作，“文案写手”都是创作的核心角色。他们的职责不仅仅是撰写广告文字，还需要在不断变化的数字环境中，结合创意与技术，将品牌或产品的核心信息转化为吸引人的文案内容。随着新媒体的迅猛发展，文案写手的工作范畴和创作方式也在不断拓展，他们需要具备跨领域的知识和技能，能够在各种新媒体平台上有效地传达信息，激发受众的情感与行为反应。

文案写手（Copywriter）

网络平台的文案写手（Copywriter）是指专门为在线媒体和数字平台创作文字内容的专业人员。他们的工作不仅包括撰写广告文案，还涉及网站内容、社交媒体帖子、电子邮件营销、博客文章、SEO 优化文章、视频脚本等多种形式的文案创作。

在网络平台上的文案写作，与传统广告文案相比，要求文案写手具备更高的数字化思维和平台适应性。他们不仅要擅长用语言吸引读者，还要理解网络受众的阅读习惯和平台的算法特点。

网络平台的文案写手不仅是语言的创作者，更是数字内容的策划者，他们通过精准、有创意的文字，引导受众的行为，提升品牌在数字世界中的影响力。

（二）新媒体文案的特点

新媒体文案的写作虽然在某些方面与传统文案相似，但由于投放渠道和读者阅读习惯的变化，它对写作提出了不同的要求。

首先，新媒体文案具有发布成本低的特点，不同于传统媒体需要高昂的印刷或播出费用，新媒体平台的文案可以以低廉甚至免费的方式快速传播。

其次，新媒体文案的互动性强，不再是单向的信息输出。消费者可以通过微信、微博等社交平台直接与品牌方互动，实现品牌传播或促成销售的目的。这种互动不仅可增强品牌与用户之间的联系，还能即时反馈用户的需求和意见。

第三，新媒体文案能够精准定位目标人群。用户在新媒体平台上的各种行为都会被记录和分析，企业可以根据这些数据有针对性地推送相关信息或进行广告投放。此外，平台自身也能够基于数据处理，对不同人群推送不同的内容，从而提高信息传播的效率和效果。

第四，新媒体文案的传播渠道和形式多元化，视频、图片、文字、音频等多种媒介形式相结合，使得内容传播更加生动有趣，能够更好地吸引受众的注意力。

最后，新媒体文案易于用户进行二次创作，催生了大量新媒体文案的用户生成内容。新媒体文案更鼓励每个目标人群进行二次创作，并积极鼓励用户分享他们的创作内容，这种模式不仅可扩大文案的传播范围，还能增强用户对品牌的认同感和参与感。

拓展阅读

用户生成内容

用户生成内容（UGC）是指由用户自行创建并通过网络平台发布的内容，而非由专业机构或内容生产者创作。UGC 的内容形式多种多样，涵盖了文本、图片、视频、评论、博客、社交媒体帖子、产品评论、游戏内容和播客等。UGC 的发展得益于互联网的普及和社交媒体平台的崛起，使得每个人都可以成为内容创造者和传播者。

UGC 的普及催生了草根文化，每个普通用户都可以成为内容创作者和传播者，这打破了传统媒体对内容生产的垄断，形成了去中心化的内容生态。同时，促进了网络社群的形成，用户可以通过相似的兴趣和爱好聚集在一起，分享和讨论内容。这种社群文化往往具有很强的凝聚力和归属感。

值得一提的是，UGC 激发了用户的创作热情，尤其是在视频、漫画、游戏等领域，二次创作（如模仿、改编、恶搞等）成为一种流行文化形态，进一步丰富了内容生态，推动了各种亚文化的传播和发展。而许多品牌开始利用 UGC 进行营销，通过与用户互动，共同创造品牌内容，形成了一种品牌与用户共同成长的文化。

课堂讨论

你有没有在网上看到过“某某体”的新媒体文案类别？

你是否曾以用户的身份参与创作？

（三）新媒体文案的常见类型

在新媒体时代，文案的类型变得更加多样化，以适应不同的广告目的、受众习惯和传播渠道。以下将从多个维度探讨新媒体文案的常见类型。

首先，按企业广告目的划分，新媒体文案可以分为销售文案与传播文案。销售文案的核心在于直接促进消费者的购买决策，这类文案通常强调产品的独特卖点，力求在短时间内激发购买欲望，实现即时的销售转化。与此相对，传播文案则更加注重品牌的长远形象塑造与影响力的扩大，目标是通过讲述品牌故事、传达品牌价值观，建立起与消费者之间的情感联系，从而为品牌的长远发展奠定基础。

其次，按文案篇幅的长短划分，我们可以区分为长文案与短文案。长文案的优势在于其能够提供更加详尽的内容，通常通过构建强大的情感场景，深入挖掘消费者的心理需求，以更为细腻的笔触打动受众。相比之下，短文案则讲求精练与直观，强调信息的核心传递，旨在快速抓住受众的注意力，并在短时间内产生影响。短文案常见于社交媒体、广告标语等场景中，以其简洁有力的风格达到高效传播的效果。

在文案的投放渠道方面，不同的渠道对文案的风格和内容有着不同的要求。朋友圈文案通常更加个人化，强调与用户的互动性和参与感；而 App 文案则更具功能导向性，直接服务于用户的操作体验与应用场景。这类文案必须在有限的空间内传达清晰的价值主张，同时引导用户完成特定的行为，如点击、下载或购买。

再次，按广告植入方式划分，文案又可以分为软广告与硬广告。软广告以隐蔽的方式将品牌信息融入内容之中，常见于故事情节、案例分析等形式中。由于不直接介绍商品或服务，这类广告不容易引起受众的抵触情绪，更具隐秘性和渗透性。而硬广告则以直白的方式发布在对应的媒体渠道上，直接展示产品或品牌信息，力求在最短时间内传达广告信息。

最后，按表现方式的不同划分，新媒体文案可以分为文字、图文、视频、录音等多种形式。文字文案以语言的力量打动受众，适用于信息传递和观点表达；图文结合的文案则通过视觉与文本的相互补充，增强了信息的可读性和记忆点；视频文案通过动态影像和声音的结合，能够在较短时间内传递复杂的信息，适合用于品牌宣传和产品推广；录音文案则多用于音频节目和播客，以声音为媒介，传递信息和情感。

新媒体文案的类型是多维的，每一种类型都对应着特定的传播目的、受众群体和传播渠道。在实际应用中，文案创作者需要综合考虑这些因素，选择最适合的文案类型，以最大化广告的传播效果。

二、新媒体文案的案例分析

（一）网络广告文案

网络广告文案是指专为互联网平台设计的广告内容。文字特点主要体现在其高度的精炼性和针对性。由于网络广告通常受到展示时间和空间的限制，文案需要在极短的时间内传达核心信息，通常采用直接、简洁的表达方式。此外，网络广告文案还强调情感共鸣和用户体验，常常通过个性化的语言和互动性的表达来吸引用户参与。

与其他文案类型相比，网络广告文案的写作还需特别关注搜索引擎优化（Search Engine Optimization，SEO）和用户行为数据的反馈，这要求文案创作者不仅要具备文字表达能力，还需了解互联网用户的搜索习惯和点击行为，从而优化广告效果。

茶颜悦色——习惯茶

我们重新认识文化之传统
这个时代一定是哪里出错了
才会让人觉得喝茶是中年人的事

这个时代一定是哪里出错了
才会把生活必需品的附加值
强压在包装概念上
抛去云雾缭绕的稀缺、送来送去的面子
价格被减得清淡，善意却更加浓郁
还原生活必需品最重要的规则
应该是对使用者表达足够的诚意
时代或许没有错
但总有更好的解题方式
让一杯品质足够好
且适合你年龄口感的原叶茶离你近一点
正是茶颜的答题思路
用退繁从简的方式
将好习惯融入生活
少年若天性，习惯若自然
二十一天的日常若是与之相伴
就会没了习惯，好不习惯
——习惯茶

案例出处：童之声抖音号. 茶颜悦色——习惯茶［EB/OL］.（2023－10－18）［2024－03－04］. https://v.douyin.com/ir9X2Knq/.

（二）微信公众号文案

微信公众号文案，是指在微信公众平台上发布的、针对特定受众群体的文字内容，其主要目的是通过文字、图片、视频等多媒体形式进行信息传达、品牌推广或产品宣传。微信公众号文案既要吸引读者的注意力，又要有效传达核心信息，因此在创作时通常强调内容的创意性、互动性和传播性。

微信公众号自 2012 年推出以来，迅速成为中国社交媒体中的重要平台，个人、企业、媒体纷纷开设公众号，通过推送文章、图文、视频等内容与用户互动。随着平台功能的不断升级，微信公众号逐渐演变为一个重要的信息传播和品牌推广渠道。与此同时，微信公众号文案也从早期的简单信息推送，发展成为一种更加成熟、系统的内容创作形式，兼具市场营销、品牌传播、用户教育等多种功能。

微信公众号文案的文字特点体现在其高度的针对性与实用性上。首先，它要求文字简洁明了，能够在短时间内吸引读者的注意力。标题通常是决定文章传播效果的关键，因此常见的标题策略包括使用数字、悬念、热点词汇等，以提高点击率。正文部分则注重内容的实用性和可读性，采用贴近生活的语言风格，结合具体案例或故事，以增强读者的代入感。

此外，微信公众号文案强调互动性和传播性，文案设计通常会引导读者在阅读后进行点赞、评论、转发等互动行为，增加文章的曝光率。由于微信平台的社交属性，文案创作时也需考虑到读者的阅读习惯和分享心理，鼓励读者自发传播内容，从而扩大品牌或信息的影响力。

微信公众号文章《我为情绪价值买了单》

在“消费降级”成为趋势的今天，“情绪消费”却悄悄地火了。上个月，我们发布了“情绪消费”的征集，想听听大家在这件事上的经验。别看大家在衣食住行上还会精打细算，但在“花钱买快乐”这件事上，可以说是已经想开了。5 元钱买一套廉价但漂亮的小皇冠，别说不像样，它满足的是童年的心愿。20 块钱点不了一顿好吃的外卖，但买来一束鲜花，能让心情美丽好几天。500 块钱给自己买件衣服犹犹豫豫，但花在二次元纸片人身上我不会眨眼，他的温柔体贴要比三次元人更值得信赖。花钱可以买来快乐吗？我们得到的肯定回答比想象中多。30 岁的飞飞说：“这几年自己衣服越来越便宜，饭吃得越来越健康，却越来越愿意为爱好付费。”年轻人很少纠结“这东西有什么用啊”，即使物质消费趋于冷静，很多人还是更愿意花钱满足自己的精神需求。这正是“无用之用”的妙处。一曲说：“这种（情绪）消费，大部分时间没有性价比。但值得的片段又有几瞬呢？为了这几瞬间，也可以值得。”

不过，情绪消费的“赏味期限”也比想象中要短暂。花会枯萎，糖炒栗子会变凉，盲盒好像在打开之后就失去了它的魔力，高价办的美容卡只带来了持久的懊悔。花钱并不是解决情绪问题一劳永逸的方式，有时，我们在消费中的情绪投射也会被商家拿捏，变成溢价的条件。21 岁的猫猫说：“爱不仅会长出血肉，也会长出韭菜。”想要避免做“韭菜”的风险，还是需要在过程中擦亮双眼，保持一点理性。不过，在压力越来越大的现代生活中，有时候一次情绪消费，也是我们保全自己心态的最后一座堡垒。只要经济条件允许，没有人可以剥夺这一点快乐的来源。

案例出处：《人物》微信公众. 我为情绪价值买了单［EB/OL］.（2024－04－16）［2024－08－20］. https://mp. weixin. qq. com/s/ndlqmjC94Gm－xQc7apV3gg.

（三）网络文学

“网文”是网络文学的简称。网络文学是指通过互联网传播和发布的文学作品，通常以连载、互动、快速更新等方式为主要特点。它借助网络平台，使得作者和读者之间的互动变得更加频繁和即时，形成了一个庞大的虚拟文学生态。

网络文学的兴起可以追溯到 20 世纪末，随着互联网技术的普及，文学创作和阅读逐渐从纸质媒介向数字媒介转移。中国的网络文学起步较早，1990 年代中期，随着个人电脑和互联网的普及，网络文学逐渐形成。在这一阶段，网络文学主要集中在电子公告板系统（BBS）和个人网站上，作品形式相对自由，内容也较为多样。

进入21世纪，随着门户网站和专门的网络文学平台的出现，网络文学逐渐进入了商业化和专业化的发展轨道。特别是在2002年起点中文网的成立，标志着中国网络文学进入一个新的阶段。起点中文网引入了VIP收费阅读模式，打破了免费阅读的传统，使得网络文学不仅成为一种大众娱乐形式，还成为部分作者的职业选择。

近年来，随着移动互联网的发展，网络文学从PC端逐渐向移动端转移，用户可以通过手机、平板电脑等设备随时随地进行阅读。与此同时，网络文学的内容和形式也在不断丰富，类型小说、IP改编、粉丝经济等现象层出不穷，使得网络文学成为当代文化产业的重要组成部分。

网络文学的文字特点与传统文学相比更为直白、通俗，注重情节的紧凑性和故事的可读性。由于网络文学通常以连载形式发布，作者需要快速吸引读者的注意力，因此故事情节往往跌宕起伏，充满悬念。语言风格上，网络文学更趋向于口语化，贴近读者的日常生活，易于阅读和理解。此外，由于网络文学平台上的互动性，读者的反馈和意见常常会影响作者的创作方向，这使得网络文学作品更加具有即时性和参与性。

中国的网络文学题材丰富多样，涵盖了玄幻、仙侠、都市、历史、游戏、科幻等多个领域。其中，玄幻和仙侠类作品在中国网络文学中占据重要地位，这类作品通常融入了大量的中国传统文化元素，形成了独特的文化符号。都市和历史类作品则更多地反映了当代社会的现实问题和历史的多样性。

中国的网络文学在全球范围内产生了广泛的影响，特别是在东南亚、欧美等地区。随着翻译平台和海外阅读社区的兴起，越来越多的外国读者开始接触并喜爱中国的网络文学作品。这些作品不仅展示了中国传统文化的魅力，也使得中国的故事和文化理念在全球范围内得到了传播。例如，《斗破苍穹》《盗墓笔记》等作品被翻译成多种语言，并在海外获得了广泛的关注和喜爱。

网络小说文案摘录

“从云里，剥开那层火光，是我见过最美的风景，我的一世荣光是你。”

——耳东兔子《他从火光中走来》

“故事的开始是日头当空，小镇热浪翻滚。故事的结束是隽爷和苒姐的一场盛世婚礼。”

——绵梦糖星《夫人你马甲又掉了》

“他只是凝望着她，漆黑的眼眸里，真挚而纯粹，作为一个男人，向一辈子的爱人，许下誓言，表露心声。”

——淇老游《蚀骨危情》

“既然没法爱上任何人，那就穷极一生去爱那个死磕一辈子都还是想拥有的人。”

——竹已《难哄》

“那个时候的桑稚，一定没有想过。七年后她所想象的这么一天，真的到来了。如她所愿，桑稚真的成为段嘉许身边的那边个人。”

——竹已《偷偷藏不住》

“我看见白日梦的尽头是你，从此天光大亮，你是我全部的渴望与幻想。”

——栖见《白日梦我》

“这里的一切都有始有终，却能容纳所有不期而遇和久别重逢。世界灿烂盛大，欢迎回家。”

——木苏里《全球高考》

“可能是这个时代太坏了，感情泛滥语言没有重量，随口说出的喜欢和爱配不上一颗赤诚的心。”

——黄三《酸梅》

“纸上只有短短的八个字——‘陈铭生，我来找你了’。”

——Twentine《那个不为人知的故事》

三、新媒体文案的创作实操

在新媒体文案创作中，理解和遵循系统化的写作流程至关重要。以下是针对新媒体文案撰写的几个关键步骤，它们不仅适用于各种类型的内容创作，还能够帮助你更有效地组织思路，提升文案的整体质量。

（一）文案创作的步骤

1. 写作目的

无论你打算创作哪种类型的文章，首先需要明确你的写作目的。是为了表达某种观点，宣传某个产品，科普特定的知识，还是讲述一个引人入胜的故事？一旦写作目的清晰，整个写作过程便有了明确的方向，避免偏离主题。例如，撰写本文的直接目的是分享新媒体写作的工作流程，包括写作和排版的顺序问题。

所有的内容展开，都是围绕这一核心目的而进行的。

2. 目标读者

在动笔之前，了解你的目标读者是谁，是文案写作的基础。站在读者的角度思考以下两个问题：你要传达什么样的信息？如何表达这些信息才能引发读者的共鸣？

此外，由于新媒体形式多样，涵盖文字、图片、视频等多种表现形式，因此你还需要思考哪种形式和风格最适合你的文章内容。

3. 头脑风暴

针对文章的主题，进行广泛的头脑风暴是创作过程中的重要环节。在这个阶段，你可以尽可能多地提出相关想法，不必过早评判它们的可行性。

例如，在探讨新媒体文案时，涉及的问题可能包括：新媒体文案与传统媒体文案之间的区别？不同呈现方式（如图片、视频）的适用性？在什么情况下，边写边排版更为高效？

虽然这些想法可能在初期显得杂乱无章，但头脑风暴的重点在于自由发散，为后续的创作提供丰富的素材。

5. 提纲思路

经过头脑风暴后，需要整理思路，草拟出文章的提纲。不同类型的文章需要不同的组织形式，例如说明书可能需要循序渐进的结构，新闻报道按时间顺序排列，而说服性文章则会按照论点的重要性组织内容。

6. 完成初稿

一旦提纲确立，便可根据提纲扩展内容，撰写初稿。在写作过程中，如果遇到障碍，可以回头审视写作目标是否明确，内容是否有足够的吸引力，提纲是否有效。需要注意的是，文案的重心不同，初稿的撰写方法也有所差异。如果文章以文字表达为主，应先集中精力完善文字内容，避免边写边排导致思路中断。如果文章强调视觉呈现，则可以在编辑器中边写边排，从视觉效果的角度构建内容。

7. 编辑与润色

初稿完成后，进入编辑润色阶段。如果文章以文字为主体，编辑工作可以分为三个步骤：初步修改，编辑排版，终极润色。而对于以视觉呈现为主的文章，则可以直接在已经排版的初稿上进行调整和优化，最终反复检查，确保整体效果达到最佳状态。

8. 灵活调整流程

从明确写作目的到最终的编辑润色，这一系列步骤并非一成不变，而是可以灵活调整的。你可以从任何一步开始创作，根据实际需求和个人习惯调整流程。在反复实践中，你会逐渐找到适合自己的独特写作方法，形成高效且个性化的写作工作流。

（二）文案创作实训

通过以上步骤，文案写作过程将更加系统化和高效化，无论是面向新媒体还是传统媒体的内容创作，都能达到理想的传播效果。

课堂练习

请以身边的一件商品为例，创作一则100字以内的广告文案。

请针对当前热门的互联网话题，策划一篇1000字以上的公众号文章。

请以最近上映的一部电影为原型，提供一幅海报的设计思路。

四、AIGC 与新媒体文案创作

传统文案创作依赖于人类创意与表达，而 AIGC 的出现打破了这一局限，通过机器学习和自然语言处理等技术，AI 不仅能够生成高度个性化的文案，还能够根据用户行为实时调整内容，从而更精准地触达目标受众。

这场变革不仅赋予了文案创作者全新的工具，也引发了对文案创作本质的重新思考。在 AI 与人类创意的协同作用下，文案创作从原本的单一输出，逐渐转向动态、互动的内容生成模式。AIGC 所带来的自动化和智能化，不仅提高了创作效率，更为新媒体文案的多样性与个性化提供了无限可能。

然而，随着 AIGC 的迅速发展，我们也不得不面对诸多挑战：AI 生成内容的原创性与人文关怀如何保障？技术与创意之间的平衡如何维持？在未来，AIGC 是否会彻底改变文案创作的生态，抑或成为人类创意的辅助工具？

（一）理论思考与思想实验

也许我们需要一些思想工具，来从更深刻的角度理解 AIGC 对于新媒体文案创作的意义。你是否曾记得我们所学习的“媒介考古学”的思想方法呢？如果说，在本讲开头的时候我们通过对“电子诗人”的媒介考古，初步体会到“计算机写作并非晚近才有的事物”。那么，在计算机发展史上人们曾经提出过的理念、展开过的思想实验，或许也能成为当前我们探讨人工智能的思路。

理论参考

中文房间

中文房间（Chinese room）又称作华语房间，是由美国哲学家约翰·塞尔（John Searle）在 1980 年设计的一个思维试验以推翻强人工智能（机能主义）提出的过强主张：只要计算机拥有了适当的程序，理论上就可以说计算机拥有它的认知状态以及可以像人一样地进行理解活动。

这个实验要求你想象一位只说英语的人身处一个房间之中，这间房间除了门上有一个小窗口以外，全部都是封闭的。他随身带着一本写有中文翻译程序的书，房间里还有足够的稿纸、铅笔和橱柜。写着中文的纸片通过小窗口被送入房间中，房间中的人可以使用他的书来翻译这些文字并用中文回复，虽然他完全不会中文，但通过这个过程，房间里的人可以让任何房间外的人以为他会说流利的中文。

其实，“中文房间”的思想实验给我们的启发是：无论是 1980 年代“电子诗人”还是今天的 AIGC 应用，当我们在阅读、鉴赏或消费其“自动生成”内容的过程中，关键问题并不在于“计算机”“AI”是否能“理解”它呈现给我们的内容，而是我们作为读者、接受者、内容消费者如何理解它，从而利用它。

往往当我们抱怨人工智能反馈给我们的结果不尽如人意，关键并不是它的“水平”问题。就像“中文房间”思想实验给我们提供的模型，也许并不是“房间里”不够好，而是我们从小窗口投递进去的指令不够好呢？

此外，这一过程并非一蹴而就的，而是需要不断地调整和优化。房间内与房间外的“人”既然无法直接交流，却能通过指令和任务进行磨合。

带着这样的观念，让我们进入与 AIGC 相互“磨合”的环节，来在实操中创作一些由 AIGC 辅助创作的新媒体文案吧。

（二）AIGC 文案写作实训

结合我们此前文案创作实训中，我们以传统的新媒体文案创作的方式与流程完成了三种类别的文案。现在让 AIGC 工具参与进来，辅助我们创作相同类别的文案，以实际经验比较一下异同和优劣。

1. AIGC 文案创作实操：广告文案

请用“文生文”AI 工具进行以下实操，并与身边的小伙伴进行比较。

实战练习

请以身边的一件商品为例，让 AI 创作一则 100 字以内的广告文案。

2. AIGC 文案创作实操：微信公众号文章

请用“文生文”AI 工具进行以下实操，并与身边的小伙伴进行比较。

实战练习

请针对当前热门的互联网话题，使用 AI 工具创作一篇 1000 字以上的微信公众号文章。

3. AIGC 文案创作实操：网络文学

请用“文生文”AI 工具进行以下实操，并与身边的小伙伴进行比较。

实战练习

请使用“文生文”AI 工具创作一个网络文学的故事大纲，并利用“文生图”工具创作该故事大纲的海报。

本讲小结

1. 新媒体文案创作应符合不同媒介与平台的定位或特点。

2. 新媒体文案创作的流程大致分为四步，与其他内容的创作相比，在模式上不同，在步骤上相似。

3. AIGC 为新媒体文案创作注入新的活力。但只有在“人机共创”的条件下，AIGC 工具才能更好地辅助文案写作的相关工作。

参考文献

刘慈欣个人博客博文．电子诗人［EB/OL］．（2006－04－14）［2024－08－20］．https://blog.sina.com.cn/s/blog_540d5e8001000329.html.

童之声抖音号．茶颜悦色——习惯茶［EB/OL］．（2024－03－04）［2023－10－18］．https://v.douyin.com/ir9X2Knq/.

《人物》微信公众．我为情绪价值买了单［EB/OL］．（2024－04－16）［2024－08－20］．https://mp.weixin.qq.com/s/ndlqmjC94Gm－xQc7apV3gg.

第八讲　从新媒体艺术到人工智能美学

当你看到一幅《蒙娜丽莎》时，你认为这是艺术吗？

但当你看到带胡子的蒙娜丽莎时，你认为这还是艺术吗？

杜尚与“蒙娜丽莎的胡子”

达·芬奇的《蒙娜丽莎》是世界上最著名的画作之一，以其神秘的微笑和精湛的技艺著称。“带胡子的蒙娜丽莎”则是马塞尔·杜尚创作的作品，名为《蒙娜丽莎的胡子》(*L. H. O. O. Q.*)。该作品完成于1919年，是对达·芬奇经典作品《蒙娜丽莎》的一个戏谑和颠覆性的改编。

杜尚在《蒙娜丽莎》的复印本上添加了一个胡须和一个小胡子的涂鸦，并且标题“*L. H. O. O. Q.*”是法语中的一个双关语，发音类似于“她有性感的屁股”（Elle a chaud au cul)，暗示了某种挑衅和不羁。

杜尚的这个作品是达达主义和超现实主义的一部分，体现了艺术家对传统艺术经典的反叛和对艺术界规则的挑战。通过这样的改编，达利不仅向传统艺术经典致敬，也展示了艺术解构的可能性。

案例出处：赵丽莎. 经典母题“蒙娜丽莎”现当代衍生作品赏析［N］. 美术报，2018－05－12 (12).

现在，当我们看到多达数千幅以达·芬奇《蒙娜丽莎》为基础的AIGC“二创”图画，你还会认为这是艺术吗？它们在什么层面上称得上“是”，又在什么情况下又“不是”呢？

一、何谓新媒体艺术

（一）从“艺术”到当代艺术

柏拉图说“美是难的”，即“美”的概念本身难以定义。他在《大希庇阿斯》中否认了当时流行的各种观点，认为美不是美的事物，不是使事物显得美的质料或形式，不是某种物质或精神上的满足……但他自己最后也没有给出令人满意的答案，所有对话都以一句古希腊谚语结束：“美是难的。”

“艺术”的概念也在不断演变。尤其是进入“当代艺术”领域时，我们常常会感到“难以理解”。

在19世纪末到20世纪初，“艺术”主要关注的是“（优）美”。然而，自19世纪末印象派之后，现代艺术的范围已不再局限于此。特别是从第二次世界大战后至20世纪60年代，各种“当代艺术”形式相继出现，包括观念艺术、后波普艺术、偶发艺术、行为艺术、环境艺术、装置艺术、大地艺术、激浪艺术、早期未来主义、达达主义，以及20世纪70年代由偶发艺术演变而成的表演艺术等后现代艺术流派。同时，20世纪五六十年代的前卫艺术实验中，还出现了基于机械、动力技术、电子技术和激光技术等的新媒体艺术。这些艺术家和艺术流派与后来的新媒体艺术的形成和发展有着直接的联系，影响了相关的艺术思想和理念。

现代艺术与当代艺术

现代艺术通常指的是19世纪末到20世纪中叶的艺术运动，这一时期的艺术家对传统艺术形式进行了大量创新。现代艺术强调对传统形式的突破和探索新的表现方式；强调对传统艺术规范的挑战，探索新的形式、材料和表现手法；注重个体表达和主观体验，对现实的表现不再拘泥于写实；包括印象派、立体主义、超现实主义等多种风格。

当代艺术是指自20世纪末至今的艺术创作。它包括各种新的艺术形式和表现手法，常常与现代科技和社会变革紧密相关。它强调观众的参与和互动，艺术作品的呈现方式和观众的体验密切相关；关注社会问题、政治议题以及全球化的影响，艺术作品往往具有强烈的社会评论和批判性。

当代艺术融合了各种媒介，包括数字艺术、视频艺术、装置艺术等，常常跨越传统艺术界限。同时，当代艺术亦广泛使用新兴技术，如人工智能（AI）、虚拟现实（VR）、增强现实（AR）等，将技术与艺术创作相结合。

如果想要进一步了解新媒体艺术的形成、发展与演变的历史，非常有必要先了解两位为西方现代艺术开辟了新思维方式和理念的艺术家——马塞尔·杜尚（Marcel Duchamp）和约翰·凯奇（John Cage）。

杜尚的思想促成了观念艺术、达达主义及大量反传统美学、反理性主义艺术的产生。第二次世界大战前，达达主义作为一种新的反理性主义艺术运动在瑞士兴起。其宗旨是以批判的眼光重新审视传统、准则、前提、逻辑基础，甚至是秩序一致性和审美概念等。这种观念和思想对整个艺术历史产生了深远影响。

杜尚出生于法国的一个中产家庭，年轻时成为巴黎先锋派艺术家沙龙的成员。他是西方非理性主义的旗手，影响深远且持久，其所达成的新境界至今无人能及。他对艺术的独特理解影响了一代又一代西方艺术家。杜尚最著名的现成品艺术作品是他于1917年送到美国独立艺术家展览会上的《泉》。这件作品是一个签了名的小便池，其惊世骇俗的举动至今仍无人能及。通过这件作品，杜尚提出了一个全新的艺术思想：当生活中的普通物品被置于新的环境中，赋予新的名称和视角，其原有作用和意义便随之改变。在杜尚看来，艺术可以是任何东西，艺术本身不存在美与丑的界限，也没有所谓的欣赏趣味。他认为："现成品放在那里不是为了让你慢慢发现它的美，而是为了反对视觉诱惑，它只是一件东西。它在那里，不需要你做美学的沉思、观察。它是非美学的。"杜尚的艺术观念和思想对当时及随后的超现实主义、波普艺术、装置艺术、偶发艺术、行为艺术和观念艺术等产生了巨大影响。杜尚的另一件现成品代表作是《蒙娜丽莎的胡子》（*L. H. O. O. Q.*），即在《蒙娜丽莎》印刷品上加上两撇小胡子，以此调侃传统绘画。

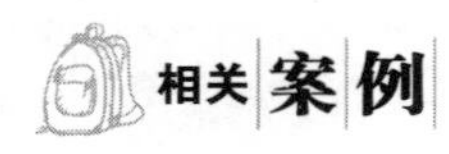
相关案例

杜尚的《泉》

马塞尔·杜尚（Marcel Duchamp）的《泉》（*Fountain*）在艺术史中占据了极其重要的地位，它不仅是20世纪现代艺术的一个标志性作品，也是观念艺术的先驱之一。

《泉》被杜尚提交到1917年纽约的"独立艺术家展览"（Society of Independent Artists Exhibition），尽管被展览委员会拒绝，但这件作品却引起了艺术界的广泛关注，推动了艺术展览的方式和规则的重新思考。杜尚通过将一个普通的现成品——一个小便池——转化为艺术品，挑战了传统的艺术创作和展示标准。这件作品代表了对传统艺术价值观和创作手法的反叛，是对艺术界约定俗成的挑战。杜尚通过这件作品质疑了什么可以被定义为艺术，以及艺术的创作和欣赏标准。

《泉》是杜尚"现成品"概念的经典例证。杜尚将工业生产的日常物品直接拿来作为艺术品，并通过艺术家的签名和意图赋予其艺术的意义。通过《泉》，杜尚强调艺术家的意图和观念，而不是作品的物质形态或传统技法。艺术不再仅仅是手工技艺的体现，更重要的是艺术家的观念和表达。这种观念强调了艺术的社会和文化背景，而不仅仅是物质的艺术品本身。杜尚通过《泉》也批判了当时的艺术机构和展览系统，质疑它们对艺术标准和价值的控制。

案例出处：［加］米歇尔·拉韦尔迪埃．泉：马塞尔·杜尚小便池变奏曲［M］．吴乐冰，译．北京：北京联合出版公司，2024．

约翰·凯奇被誉为激浪艺术和前卫艺术的先驱，同时也被公认为将东方禅学引入西方艺术领域的现代艺术大师。他主张艺术与生活应当完全统一，强调艺术结构的随机性，并提倡对环境保持开放的态度。凯奇的创作观念深受东方禅学的影响，其作品关注人与自然、时间与过程，以及禅学中“有与无”“虚与实”的哲学境界。

20 世纪 40 年代，凯奇专程前往美国哥伦比亚大学聆听铃木大拙讲授关于禅宗文化的课程。他对东方哲学思想和禅宗文化的博大精深深感折服，随后在艺术创作过程中开始探讨和融入这些思想。他在音乐创作中改变了艺术和生活的位置，将生活置于首位，将音乐转化为生活的模拟，呈现自然声音，并引导听众通过联想和体验来感受作品所蕴含的丰富情感。例如，他的作品《4′33″》就是这种尝试的体现。在此作品中，钢琴家不进行任何演奏，而是坐在台上 4 分 33 秒，留给听众时间去静心体验和捕捉生活中的各种声音，从而通过联想和感受获得完整的审美体验。他传达的意义是禅学中的“无中生有，虚实相生”，以及东方文化追求的“此时无声胜有声”的禅意和哲学观。

相关案例

约翰·凯奇的《4′33″》

约翰·凯奇（John Cage）的《4′33″》在艺术史中具有重要的地位，它不仅是凯奇的代表作之一，也是 20 世纪音乐和艺术观念中的一个里程碑。

这件作品被视为“反音乐”的经典代表。凯奇通过《4′33″》的沉默，将注意力从音乐作品的“内容”转向了音乐环境中的自然声音、偶发声音。由此，质疑了音乐的定义，提出了一个新的音乐观念，即任何声音都可以成为音乐的一部分，音乐不再仅限于作曲家和演奏者创造的有组织的声音序列。

《4′33″》解构了传统音乐创作的概念，质疑了艺术的创作过程和表现形式。凯奇认为，艺术的价值不仅在于作品本身，还在于观众的体验和对艺术环境的反应。

案例出处：毕明辉．约翰·凯奇实验音乐观嬗变述评［J］．人民音乐，2011（3）：66—69．

凯奇的艺术观念与杜尚提出的“把艺术归还给生活”的理念有相似之处，两者都强调艺术与生活的紧密联系。以“现成品艺术”为代表的当代艺术传达了一种重要观念：当代“艺术”的内涵与外延不断被质疑、挑战、扩展和重塑，而推动这一进程的正是更加开放的艺术观念本身。

面对这些问题，英国艺术史研究大家贡布里希提出，“实际上没有艺术这种东西，只有艺术家而已”。他将焦点从抽象的大写“艺术”概念转向艺术家个人的“选择”，同时强调艺术家所受社会或传统赋予的“任务”——这种“任务”如同珍珠中的沙粒，是艺术作品核心的组成部分。

（二）广义与狭义的新媒体艺术

当代关于"艺术"的概念和定义尚且如此，对于"新媒体艺术"的概念也就变得复杂起来。

回顾第一讲时我们所探讨的"新媒体"的概念，它与"数字技术""信息技术""互联网技术"的关系密切。那么所谓"新媒体艺术"，即基于这些技术手段的艺术类别了。然而，在日常表达中，我们很少使用诸如"新媒体艺术家"这样的称呼，一个重要的原因在于我们对"新媒体艺术"的定义，大致呈现出狭义与广义两种倾向。

狭义的"新媒体艺术"，关键词是"艺术"，即认为新媒体艺术是各种艺术流派发展到今天的晚近形态，这种思路是一种"艺术史"的视角。它特指现代（Modernist）艺术的晚近发展。它依旧是基于数字技术、信息技术、互联网技术等手段，但尤其强调其艺术观念和美学思想。这一思路所理解的新媒体艺术，仍然限制在"艺术馆""艺术家""艺术观念"与"艺术体制"等当代艺术的语境下。

广义的"新媒体艺术"，关键词是"新媒体"，即认为新媒体艺术是依托于新媒体的各种内容形态中所呈现出的堪称"艺术"的部分，这种理解是一种"媒介"的思路。它有另一个更准确的概念叫"数字媒体艺术"，泛指各种以数字化媒介为载体的艺术形态，它们或者将旧有的艺术形态进行数字化，或者基于数字化的特征催生新的艺术形式。数字媒体艺术博采传统艺术、数字科技以及传媒等众多行业领域之长，以新的视角，动态地吸纳与整合了社会文化、科学技术与日常生活之中的艺术潜质，展现出了一种全方位开放的胸襟与姿态。它一方面充分汲取众多传统艺术语言与形式，并不断将其纳入成为自身的基本艺术元素；另一方面，在飞速发展的数字技术催促下，源自其天生的数字比特基因也不断创造和衍生出全新的艺术语言、创作工具与艺术形式。可以说，数字媒体艺术在时代文化、数字科技与传播媒介合力作用的推动下，正呈现出异质同构的强大艺术整合力，推动着数字媒体艺术在极速发展的进程中呈现出多元交叉、动态、跨界的特性。

我们对新媒体艺术的讨论，会兼顾广义与狭义这两个面向。其原因在于，一方面，对基于"新媒体"的"艺术"泛泛而谈，却不对对象加以讨论和限制，会陷入"何为艺术"的漫长美学争论旋涡当中；另一方面，仅将"新媒体艺术"作为现代艺术的晚近分支，也会忽略那些来源于流行文化、亚文化与 UGC 的新媒体艺术趋势。

二、狭义的新媒体艺术：艺术家及其作品

（一）白南准

白南准（Nam June Paik，1932—2006），是一位开创性的韩裔美国艺术家，被广泛认为是视频艺术的奠基人和新媒体艺术的先锋。他的艺术生涯跨越了 20 世纪后半叶，

对现代艺术领域产生了深远影响。

白南准出生于韩国首尔，后在日本和德国接受了音乐和艺术教育。他在德国学习音乐，并受到先锋音乐的影响，这对他的艺术创作产生了重要的影响。1964年，他移居美国，开始在纽约的艺术界崭露头角。白南准以其独特的艺术实践而闻名，他将电视、录像带和电子技术引入艺术创作，开创了视频艺术（Video art）、视频装置艺术（Video installation）和视频表演艺术（Video performance）等新形式。他通过将视频技术作为艺术媒介，探索了技术与艺术的交汇点，并重新定义了艺术的表现形式和观众的互动方式。

白南准被认为是视频艺术的创始人，以其用许多屏幕构建的大型作品而闻名，如《电视佛》（*TV Buddha*，1974）、《视频旗帜》（*Video Flag*，1985）、《电子高速公路：美国大陆、阿拉斯加、夏威夷》（*Electronic Superhighway: Continental U. S.*，*Alaska*，*Hawaii*，1995）等。

白南准的艺术不仅涵盖了技术和形式的创新，还融入了音乐、行为艺术和哲学思想。他深受东方哲学的影响，将禅宗思想融入艺术创作中，挑战了传统艺术的界限，推动了当代艺术的发展。白南准的作品对今天的年轻艺术家们仍然是影响深远的，其作品在全球范围内的主要美术馆和画廊中都曾展出，包括纽约现代艺术博物馆（MoMA）和伦敦泰特美术馆等。

白南准的艺术作品《电视佛》

白南准的《电视佛》（*TV Buddha*）创作于1974年，该作品将传统文化符号与现代技术结合，展示了白南准对科技、宗教以及人类存在的独特思考。

《电视佛》由一座坐佛雕像和一台电视机组成。电视机播放的是佛像的实时影像。佛像正坐在一个台座上，面对着电视屏幕，通过屏幕观看自己的影像，形成了一种自我反射的循环。

传统佛教象征着精神上的安宁与智慧、永恒和不变，而电视则代表了现代信息时代的快速变化。通过将这两者结合，白南准探讨了现代社会中技术对精神和宗教的影响。该作品通过这两个元素的互动，探讨了技术、宗教和自我意识之间的关系。

《电视佛》不仅是白南准艺术创作的代表作之一，也是视频艺术的重要里程碑。它展示了白南准在将传统艺术形式与现代科技结合方面的创新思维，进一步推动了艺术与技术的交融。

案例出处：李超. 白南准的影像艺术——多元艺术形式的开拓实验［J］. 艺术当代，2019，18（6）：24－29.

（二）莫里斯・贝纳永

莫里斯・贝纳永（Maurice Benayoun，1957—）是一位现居中国香港的法国新媒体艺术家和艺术教育者。他以其在虚拟现实、互动艺术和数字艺术领域的创新工作而闻名。

贝纳永的作品常常探讨技术与人类经验之间的关系，涉及的主题包括数字空间、网络文化以及虚拟现实的社会和哲学影响。其艺术风格强调数字技术和虚拟现实的使用，他通过虚拟空间的创作，探讨了技术如何改变人们的感知和体验。他的作品常常打破现实与虚拟的界限，为观众提供了新的互动体验。而作为一名艺术教育者，贝纳永在新媒体艺术和互动艺术领域的教育工作也具有重要意义。他在多个国际艺术院校担任教职，致力于培养新一代的数字艺术家和创作者。

贝纳永的代表性作品包括《虚拟花园》（*The Garden of Virtuality*，1993）、《横越大西洋的隧道》（*The Tunnel Under the Atlantic*，1995）、《世界皮肤》（*World Skin*，1997）等，至今仍创作不息。

贝纳永的《世界皮肤》

莫里斯·贝纳永的艺术作品《世界皮肤——战争之地的影像历险》（*World Skin: A Photo Safari in the Land of War*）是他1997年创作的代表性作品之一。这件作品通过虚拟现实和互动艺术的形式，探讨了战争、媒体和视觉文化之间的复杂关系。

《世界皮肤》利用了虚拟现实（VR）技术，为观众创造了一个沉浸式的虚拟战争场景。在这个虚拟环境中，参与者戴上头盔和手持拍照设备，进入一个模拟的战争地带。通过这种技术，观众不仅成为"观察者"，还能够以"摄影师"的身份拍摄虚拟战争场景中的照片。

因此，互动性是其核心特点之一。当参与者按下拍照按钮时，原本生动的虚拟场景会瞬间变成黑白的空白轮廓，显示出照片被"撕"掉的效果。这种互动设计让参与者在"记录"战争的同时，也感受到了战争记忆的脆弱性和毁灭性。

利用互动性的新媒体技术，《世界皮肤》所要传达的艺术观念是：我们在记忆战争时，是通过真实的经历，还是通过被媒体塑造的影像来构建记忆？这种对影像真实性和记忆构建的质疑是作品的重要思想内涵。

案例出处：MOBEN. World Skin，a Photo－Safari in the Land of War［EB/OL］.［2024－12－08］. https://benayoun.com/moben/zh－hans/1998/05/11/world－skin/.

（三）马里奥·克里格曼

马里奥·克里格曼（Mario Klingemann）是一位德国新媒体艺术家，以其在人工智能和机器学习领域的先锋艺术实践而闻名。他的创作主要围绕生成艺术、神经网络和数据可视化等技术，探索机器在创造过程中所扮演的角色。克里格曼被认为是"AI艺术"领域的先驱之一，他通过运用计算机算法来生成图像、动画和互动装置，挑战了传统艺

术创作的边界，并引发了关于创作主体性和原创性的讨论

克里格曼是谷歌艺术文化实验室的常驻艺术家，亦是最早将人工智能图像识别软件 DeepDream 和 Style－Transfer 工具当作艺术媒介使用的人之一。他的许多作品是通过训练神经网络来模仿和再创造艺术风格，从而生成独特的视觉效果。他最著名的作品之一是《过客的记忆Ⅰ》（*Memories of Passersby* Ⅰ）。

此外，克里格曼在人工智能艺术领域的贡献还包括他对“计算美学”概念的探讨。他的作品经常通过机器学习模型来探索美学、形式和结构，并尝试揭示机器在艺术创作中潜在的创造力。

克里格曼的《过客的记忆Ⅰ》

克里格曼的《过客的记忆Ⅰ》（2018）是一个将生成式人工智能与装置艺术相结合的开创性作品，挑战了传统艺术创作的边界，探索了人类与机器之间的关系。这一装置艺术作品运用深度学习技术，通过训练生成式对抗网络（GAN），以西欧传统油画风格为基础，实时生成不断变化的人脸图像，形成一个动态的“肖像画”系列。这些图像不会被存储或重复，而是随着时间的推移和系统的运转，持续创造出新的视觉体验，呈现出一种永不停息的数字艺术表现形式。

《过客的记忆Ⅰ》由两块屏幕和一套计算系统组成。每块屏幕上展示的图像都是生成式人工智能在特定时刻创造出来的“肖像”。这些人脸图像并非基于任何现有的个体，而是从训练数据集中抽象提炼出一种全新的视觉符号。该项目利用神经网络的深度学习能力，通过对大量西欧古典油画作品的学习和风格模仿，重构了人类肖像的艺术表达方式。这种生成方式带有极大的不确定性和不可预测性，图像的生成过程体现了机器学习的自我调整和进化，模拟了某种“创造力”。

克里格曼的作品强调的是时间性和动态性。与传统油画作品的静态呈现相对比，这一作品的“肖像”系列是流动的、不断演变的。屏幕上显示的图像从未有重复，过去的图像一旦消失便不再存在，仅留下“观看过”的记忆。这样，作品本身具有了某种生命性和时间性，仿佛一段不断流动的记忆，暗示着科技与记忆、时间、存在的复杂关系。这个动态的过程使得每一个瞬间都成为独一无二的艺术体验，这种“稍纵即逝”的特点在一定程度上突破了传统艺术品的物理与时间限制。

观众的参与在《过客的记忆Ⅰ》中扮演了重要角色。由于图像的不断变化，观众无法通过传统的方式去理解或掌握作品的全貌，这要求他们以一种更加动态和开放的心态去体验艺术。每位观众所看到的肖像都是独一无二的，在某种意义上，观众的凝视成为这一艺术创作过程的一部分。观众的反应、驻足时间，甚至观看角度都可能影响到对作品的解读，这使得作品成为一个开放性的艺术事件，而非一个固定的艺术物品。

案例出处：AIArtists. Mario Klingemann［EB/OL］.［2024－12－08］. https://aiartists.org/mario－klingemann.

（四）林琨皓

艺术家“大悲宇宙”（Dabey Universe），原名林琨皓（1990—），出生于中国福建。他的艺术创作广泛涉及数字媒体艺术、人工智能艺术以及虚拟现实等领域。作为现代数字艺术的先锋，大悲宇宙将传统艺术元素与先进技术融合，通过前沿的艺术手段探索新媒介下的艺术表现形式。

大悲宇宙的代表性新媒体艺术作品，包括《未来仏》《仿生机械》《虚拟蝴蝶》等。

大悲宇宙的《未来仏》

《未来仏》（*Future Buddha*）是新媒体艺术家大悲宇宙创作于2022年的一件具有深刻意义的艺术作品。这件作品融合了人工智能、虚拟现实和传统文化元素，通过创新的艺术手段探讨未来主义和人类精神的交汇点。

《未来仏》以虚拟现实技术为核心，创建了一个虚拟的“未来佛像”。该作品展示了一座沉浸式的3D佛像雕塑，佛像的形象源自传统佛教艺术，但通过大悲宇宙的创意和技术转化为一个未来主义的艺术表现。作品的虚拟佛像不断变化，通过人工智能生成的视觉和声音效果，表现出佛教中“无常”的理念。

案例出处：大悲宇宙［EB/OL］.［2024－12－08］. http://dabeiyuzhou.com/#/home.

三、广义的新媒体艺术：数字媒体艺术

在当下的讨论中，谈及“新媒体艺术”已不再局限于“艺术馆”或“媒体”的传统范畴。新媒体艺术已深入渗透到当今社会的各个方面，尤其是在广义层面上，它涵盖了基于“数字媒体”的多种艺术形式。

数字媒体艺术因其“比特”基因而具有天然的开放性与包容性。这种特质使其在发展过程中，能够不断吸纳传统艺术的优质元素，并且在表现力上展现出超越传统艺术的独特价值。随着数字媒体艺术的日益成熟，其艺术特征与语言愈发清晰，如今已发展为一种多元、成熟且独立的艺术形式，展示出传统艺术所无法比拟的巨大艺术魅力。总的来说，数字媒体艺术的发展历程可以划分为以下几个阶段。

（一）数字媒体艺术的诞生初期

在数字媒体艺术诞生的初期，逐渐出现了如数字编码、数字摄像、数字存储、数字调色等新型的艺术表现手段。尽管此时的艺术语言与形式已初具雏形，但特征尚不明显，尚未表现出作为一门成熟独立艺术所应具备的独特艺术特征。它缺乏专属的艺术语言体系，也缺少被广泛认可的标志性作品，因此主要依附于传统艺术的数字化再造进

程。这种数字化再造，通常是通过数字编码替代艺术表现的实物媒介，将艺术的创作手法、储存与传播方式数字化，以便进行计算机处理，却不改变传统艺术本身的艺术特质。传统艺术的数字化，是艺术由原子世界向比特世界的延伸，而一种崭新的艺术创作、传播与接受方式也由此萌芽。

计算机作为主要的创作工具，在传统艺术的数字化进程中发挥了极为重要的作用。在数字媒体艺术发展的萌芽阶段，计算机可以代替美术家的画笔，美术家们将计算机屏幕当作画布，通过其中的线条描绘出大千世界；计算机还可以化身为音乐家的指挥棒，音乐家们通过便捷的作曲与编曲软件，记录心中的音符，谱写出华美的乐章；计算机更可以替代剪辑师的剪刀和胶水，剪辑师们使用非线性编辑软件，用心灵的节奏讲述蒙太奇的律动。然而，此时的数字媒体艺术尚未成长为一种独立的艺术形式，更多的是以传统艺术的数字化版本的形式存在。例如，在数字手绘中，创作者通过连接输入终端（如鼠标、数字板）并使用绘图软件直接在电脑上进行绘画，不再依赖纸笔等传统工具，从而大大提高了绘画的效率与表现力。但本质上，创作者在这一过程中仍使用的是传统的绘画技法，依旧运用他以往关于绘画的知识来完成数字绘画。所改变的仅仅是绘画的工具与媒介，以便作品的储存与传播，而绘画艺术的本质过程并未发生改变。

数字音乐亦是如此，创作者可以通过音频输入设备（如 MIDI 键盘）进行演奏或使用键盘鼠标编辑曲谱，音频软件将输入信号进行量化处理，创作者可以随心所欲地选择数字合成器与效果器来达到最终想要的音乐效果。数字音乐虽然具有不同的创作手段与表现手法，但其美学属性并未与传统音乐完全脱离，仍然是旋律、节奏、和声三者的有机统一。

随着技术的普及，如今我们自己也能使用苹果系统搭载的 Garage Band App 来制作简单的数字音乐。比如这首央视 86 版《西游记》电视剧的《云宫迅音》片头曲，在当年本就是使用较为前沿的电子合成器制作的，如今则能够在个人手机上直接实现。

86 版《西游记》音乐《云宫迅音》

《西游记》电视剧的片头曲《云宫迅音》可以被视为中国早期电子乐探索的一部分。这首乐曲创作于 1986 年，由作曲家许镜清创作并制作完成，是中国电视配乐史上的一部经典之作。

《云宫迅音》大胆尝试打破了传统配乐的界限，使用了大量电子合成器及效果器，这在当时的中国音乐创作中是一种前卫的尝试。其独特的音效与节奏感，为《西游记》电视剧增添了神秘、奇幻的氛围，非常契合剧中仙界与妖魔的场景。合成器的使用，使得音乐具有了现代感与科技感。

虽然不能说《云宫迅音》完全等同于西方意义上的电子乐，但它确实是中国早期电子音乐探索的代表作品之一。

数字影视领域中非线性剪辑软件的出现是所有剪辑师的福音，区别于传统磁带机的线性剪辑方式，非线性剪辑软件可以利用计算机高效处理数字信号的功能来进行非线性、非连续的随机性编辑，剪辑工作变得前所未有的简单与得心应手。然而，影片剪辑的基本美学原则并未因此发生巨大改变，数字化剪辑仍旧是传统剪辑的一种延伸。可见在数字媒体艺术的依附式发展阶段，数字制作手段介入传统艺术是一个明显的特征，从这一刻起，传统艺术开始走进了比特的时代。我们应当注意到，在此种语境下的数字媒体艺术虽然以数字化技术作为外在制作手段，却仍以传统技法与理论作为其内在艺术精髓。此时的数字媒体艺术尽管只是稚拙的幼苗，却为未来数字媒体艺术之树的茁壮生长播种了希望。

（二）数字媒体艺术的融合式发展

在融合式发展阶段，数字媒体艺术与传统艺术相互借鉴、相互吸收，两者在相互融合对方艺术要素的过程中逐渐走向深度的融合与统一。传统艺术在吸纳数字媒体艺术的过程中获得了新的生命力，而数字媒体艺术在借鉴传统艺术的过程中则丰富了其文化内涵。数字媒体艺术的成长期，实质上是传统艺术与数字媒体艺术共同发展、相互介入、相互激荡与相互促进的时期。

一方面，电影、电视、绘画、摄影、戏剧、音乐等传统艺术不断吸收数字媒体艺术的元素，使其成为其内在的基本艺术要素，从而创造出更具表现力与感染力的多媒体艺术作品。

动画片《功夫熊猫》是文学艺术、戏剧艺术、音乐艺术等传统艺术与数字媒体艺术深度结合下的新型影视综合艺术。相较于传统电影，它充分吸纳了数字媒体艺术中的三维建模、贴图、骨骼绑定、数据编程与控制等艺术表现手段，构建了形象逼真的三维“功夫熊猫”动画形象，给观众带来了更加真实的动画效果和更为震撼的视听体验，将观众带入由数字媒体艺术营造的虚拟影像世界。这些数字媒体艺术带来的艺术表现力是传统电影艺术难以实现的效果。片中夸张的角色动作、高速的镜头运动、绚丽的场景效果，在传统的表演、拍摄和布景过程中几乎无法完成。该片是电影艺术与数字媒体艺术的完美融合，通过动画制作软件的关键帧技术设定角色的高难度动作，同时可以精确描述和设置摄像机的运动轨迹，场景效果则通过特效与合成软件实现。观众在观影过程中获得了极大的审美愉悦，影片的视听效果因为数字媒体艺术的介入而达到了一个新的高度。在许多电视和电影作品中，我们经常可以看到绚丽的特效和奇幻的景象，这些都是数字媒体艺术带来的美丽呈现。

另一方面，数字媒体艺术也不断吸纳文学、戏剧、音乐、绘画、摄影、电影、电视等传统艺术要素作为其基本艺术元素，不断增强自身的艺术表现力。数字媒体艺术中的典型形式——数字游戏，就很好地诠释了这一特点。优秀的游戏是各类传统艺术精髓的结晶体，其中包括游戏故事情节的文学性、游戏画面的精美性、游戏音乐的感染力等。如今，数字游戏的发展越来越强调交互性叙事的重要性，其中游戏文本的故事性以及人物冲突的戏剧性，已成为游戏作品能否吸引玩家的重要因素。这些都需要游戏设计者从文学、戏剧等传统艺术中汲取灵感和养分。

随着图形显示卡性能的不断提升，游戏也更加注重画面的呈现效果。游戏中人物与场景的色彩、线条、光线等多方面因素都向绘画、摄影和影视等多种艺术形式借鉴。例如，经典数字游戏《仙剑奇侠传》不仅充分运用了数字媒体艺术的独特语言与表现方式，还巧妙融入了感人至深的故事情节，配以唯美动听的音乐，并运用了大量影视艺术的蒙太奇手法，从而大大提高了游戏的感染力和可玩性，让玩家在沉浸式的游戏环境中获得了良好的体验，使该游戏作品取得了巨大的成功。

融合式发展阶段是数字媒体艺术与传统艺术交流与对话的时期。传统艺术在与数字媒体艺术的融合中获得了无限的活力与表现魅力，数字媒体艺术在借鉴传统艺术的过程中吸收了丰富的养分，并逐渐走向成熟。在这一过程中，“第九艺术”这一称号也被越来越多地用来描述游戏。

作为“第九艺术”的游戏？

尽管当前仍然存在争议，但有一种观点主张将游戏（具体指电子游戏）称为“第九艺术”，其主要是因为它集成了多种艺术形式，并且在互动性、叙事性和沉浸性等方面具有独特的艺术价值和表现力。

在综合艺术方面，游戏将视觉艺术、音乐、文学、电影、舞蹈、戏剧、建筑等多种艺术形式融合在一起。这种多元化的融合使得游戏不仅仅是一种娱乐形式，更是一种跨领域的艺术表达。

在互动性与沉浸性方面，与传统艺术形式不同，游戏需要玩家的主动参与，玩家的决策、行为会直接影响游戏进程和结局。这种互动性使得游戏不仅是一种被动的艺术体验，更是一种主动的创作行为。此外，游戏的叙事模式打破了传统的单向叙事，使玩家在互动中不断塑造故事的进程和结局。

而游戏亦有其独特的艺术性，它不仅体现在它的多媒体融合、互动性和叙事性上，还在于它能够创造出一个独立的、全新的虚拟世界。这个世界具有自己的规则、逻辑和美学标准，玩家在其中既是参与者也是观察者。

作为“第九艺术”，游戏不仅是一种娱乐和艺术形式，还具有深刻的社会和文化影响。它能够反映社会问题、表达文化观点，并且逐渐被纳入学术研究的范畴。

（三）数字媒体艺术的独特性凸显

在这一阶段，数字媒体艺术在充分吸收和融合传统艺术语言的基础上，不断衍生出自身独特的艺术语言（包括人机交互、实时生成、交互叙事等），并形成了独特的艺术审美方式和传播方式。数字媒体艺术逐渐发展成为一种具有独立艺术语言、艺术形态和独特艺术特征的独立艺术形式，它不再是传统艺术的附属物，而是一种遵循数字媒体艺术创作规律的全新艺术形式。其典型表现形式包括CG影像艺术、网络多媒体艺术、数字游戏艺术、数字装置艺术、虚拟现实艺术等。

数字媒体艺术自律性的获得，使其摆脱了作为传统艺术附属物的角色，并在媒介融合的浪潮中，不断展现出强大的艺术整合力。在未来，报刊、电视、电影等传统的媒介概念将进一步被消解，取而代之的是手机电视、互联网电视、电子杂志、电子书等不断跨越艺术形式与传播媒介边界的新媒体形式。当智能手机、平板电脑等移动终端与互联网连为一体时，一个强大的移动互联网媒体便应运而生。

在最近几年里，移动互联网的发展速度超出了所有预测者的想象。手机和其他移动终端与互联网共同构建的移动互联网平台代表了数字媒体的未来，它正在不断改变用户的艺术体验模式与生活方式。它为碎片化时间赋予了多重价值，甚至重新定义了由传统媒体所界定的“媒体黄金时间”。通过GPS定位技术，移动互联网能够获取用户所在地区的经纬度，将空间与时间结合，创造出前所未有的时空观念。移动互联网强化了媒介融合的深度与速度，并在数字媒体时代不断勾勒出跨媒体、自媒体、全媒体的未来景观。

在新媒体的语境下，数字媒体艺术获得了充分的表达空间，并在不断地发展壮大。数字媒体艺术的交互性让普通人能够以面对面的方式与艺术对话，并在与数字媒体艺术的互动中获得对宇宙与人生的心灵观照。数字媒体艺术的沉浸性特点使得受众可以完全沉浸在浓郁的艺术氛围之中，身临其境地进行深入的审美活动。

随着数字媒体艺术的迅猛发展，未来的电影艺术将会充分整合到数字媒体艺术之中，“电影”与“电视”作为艺术表现形式的概念、传播媒介以及影响力将逐渐弱化。具有更强媒体兼容性和综合性的4D电影、角色参与式全景互动电影、全息影像、游戏电影、虚拟现实等新的数字媒体艺术形态将成为人类主流的艺术形式，而传统的艺术概念将最终融入数字媒体艺术之中。这将使数字媒体艺术作品全面整合过去的艺术形式，彻底颠覆艺术的传统观赏方式和分类法则。数字媒体艺术将完全融入我们的生活，成为不可或缺的重要组成部分。

数字媒体是数字媒体艺术的基础，而这些不断跨越艺术形式与传播媒介边界的数字媒体，将为现有的数字媒体艺术形式提供更广泛、更彻底、更有力的支持。数字媒体带来的交互性与虚拟性为数字媒体艺术的不断创新提供了肥沃的土壤，而新的数字媒体艺术形式也将在数字媒体的全媒体拓展中不断衍生和扩展。

例如，《底特律：化身为人》并不仅仅作为一款“互动电影”或者“CG游戏”，而是从电影工业制作流程中探索出游戏制作的未来可能。而国产游戏《黑神话：悟空》作为一款以中国文化为核心，融合现代游戏技术与国际市场需求的成功作品，其成功反映了中国游戏产业的崛起，以及游戏作为文化传播媒介的巨大潜力。

相关案例

《底特律：化身为人》的“影游融合”制作方式

《底特律：化身为人》（*Detroit: Become Human*）是一款由Quantic Dream开发并由索尼互动娱乐发行的交互式剧情冒险游戏。这款游戏以其高度沉浸式的叙事、复杂的多线剧情和独特的“影游融合”制作方式而备受关注。其“影游融合”主要体现为表现方式与制作方式两方面。

在表现方式上，这款游戏采用了先进的图像渲染技术，人物模型细腻逼真，面部表情捕捉技术更是精细到可以传达出角色的细微情感，但也将这种趋近于真实的“逼真”与游戏的“人造人”题材紧密结合在一起。游戏采用了复杂的多线叙事结构和分支剧情设计，玩家的每一个选择都会影响故事的发展和结局，融合了游戏与电影的叙事手法，达成叙事与互动的平衡。

在制作方式上，《底特律：化身为人》的幕后制作充分利用了电影的制作方法，这种融合使得游戏在视觉、叙事和表现上都达到了电影级别的水准。导演使用了详细的分镜脚本来规划每个场景的视觉效果和叙事节奏。而游戏中的角色表演是通过演员的动作捕捉和面部捕捉技术实现的，这种技术与电影中的CGI和特效电影制作类似。游戏发布前，游戏团队邀请了大量玩家进行测试，以收集反馈并优化游戏体验。这类似于电影制作中的试映，通过观众的反馈来调整和完善影片。

案例出处：胡红一，王萌．浅析交互式电影的沉浸体验——以《底特律：化身为人》为例［J］．戏剧之家，2023（5）：141-143.

黑神话：悟空

《黑神话：悟空》是一款以中国古典文学《西游记》为背景的动作角色扮演游戏，由中国游戏开发团队游戏科学（Game Science）制作。《黑神话：悟空》的成功不仅源自其作为一款高品质的3A级游戏在视觉效果和技术层面的突破，更体现了中国文化的强势输出与文化自信的提升。中国主流媒体，如《人民日报》高度评价了这款游戏的文化意义，认为它通过深挖《西游记》这一经典故事的精神内核，增强了中华文化的全球影响力。

《黑神话：悟空》的成功可以归因于多个关键因素，涵盖文化、技术和市场方面的多维度创新。首先，这款游戏根植于中国传统文化，特别是《西游记》中的经典故事，以现代游戏技术高度还原了传统的神话世界。这不仅在国内引起了广泛共鸣，也吸引了众多国外玩家，甚至激发了他们对中国传统文化的兴趣。例如，一些海外玩家开始阅读《西游记》以更好地理解游戏背景，这体现了游戏的文化输出功能。此外，游戏以“悟空”作为文化符号，使中国文化通过游戏这一媒介在国际舞台上得以传播，这标志着文化自信与技术进步的结合。

其次，从技术角度看，《黑神话：悟空》突破了长期以来中国游戏产业在高端单机游戏领域的空白。作为一款国产3A大作，其高质量的画面、细腻的动作设计和沉浸式的场景吸引了大量的关注，游戏的技术水平得到了国内外媒体和玩家的高度评价。这些技术成就与其对国风的深度挖掘相结合，增强了游戏的吸引力和市场认可度。

在国内，主流媒体对这款游戏的报道态度也发生了明显变化。长期以来，游戏产业在国内被视为具有负面影响的娱乐方式，与“上瘾”“沉迷”等负面标签相联系。然而，随着《黑神话：悟空》的成功，媒体开始正视游戏在文化传播中的积极作用，尤其是其对中国传统文化的创新表达。主流舆论逐渐认识到，游戏不仅是一种娱乐形式，更可以成为文化传播与民族认同的重要载体。这一态度转变还反映了中国游戏产业在国际舞台上的崛起，尤其是其摆脱了对国外游戏的依赖，并形成了具有民族文化认同感的原创作品。通过将传统文化与高科技游戏制作相结合，《黑神话：悟空》不仅为游戏行业“正名”，也推动了游戏作为中国文化“走出去”的一种新形式。

案例出处：光明网.《黑神话：悟空》背后，探索讲好中国故事的新表达［EB/OL].（2024－09－05）［2024－12－08］. https://culture.gmw.cn/2024－09/05/content_37543558.htm.

（四）数字媒体艺术的未来趋势

伴随着科技的进步和数字技术的不断提升，数字媒体艺术的艺术语言与艺术形式在其自身媒介工具的飞速发展中不断得以完善和拓展。就像中国毛笔作为一种媒介工具，既可以用来创作书法艺术，也可以用来创作中国水墨画一样，数字媒体作为数字艺术创作的工具，具有更加多元化的艺术包容性与承载力。创作者通过不同的方式进行创作，可以产生具有不同艺术特征和艺术表现的语言，从而导致数字媒体艺术的类型不断异质化，并从中不断衍生出新的艺术样式，为人类从多个维度带来新的艺术体验。

尽管目前的网络多媒体艺术、数字游戏艺术、数字互动装置艺术、虚拟现实艺术等样式都被归纳在“数字媒体艺术”这一概念下，但随着它们各自不断成熟，我们发现这些不同的数字媒体艺术类型正在不断彰显出各自独特的创作方法，以及难以统一归纳的艺术语言与艺术特征。出现这种现象的原因，与“数字媒体艺术”概念本身的过渡性作用密切相关。实际上，“数字媒体艺术”是作为数字时代背景下的一个过渡性概念出现的。可以说，它在这一特殊时期起到了“承上启下”的关键性作用——它使这些崭新的艺术形式能够与传统艺术门类区分开来，同时也帮助传统艺术门类在数字时代做出合理的调整与转变，以顺应时代的发展。

在当前这个特殊的过渡时期，数字媒体艺术扮演了一个母体角色，将许多基于数字媒体技术生成的全新艺术形式聚拢到“数字媒体艺术”这艘“舰船”上，庇护它们顺利抵达“数字时代”的彼岸。但上岸之后，这些具有各自艺术基因与特征的艺术类型终究会离开“母舰”，各奔东西，回归到各自应有的领域。随着这些类型的不断发展与成熟，其差异性必将大于共同性。届时，“数字媒体艺术”这一概念将难以承载如此众多性格迥异、形态多样的艺术类型。

或许在不久的将来，我们将不再听到“数字媒体艺术”这一概念，但在其庇护与滋养下诞生的数字游戏艺术、网络多媒体艺术、虚拟现实艺术、数字装置艺术等，以及未来不可预见的全新艺术形式，将会逐一破茧而出，并最终成长为完全独立的艺术个体。在生成式人工智能和数智媒体的加持下，各种新艺术形式还会孕育出“人工智能美学”的崭新潜能。

四、人工智能美学：数智媒体的艺术创作前沿

（一）从“新媒体的语言”到“人工智能美学”

列夫·马诺维奇（Lev Manovich）是一位著名的媒体理论家和数字文化研究者，以其对新媒体和数字艺术的深刻洞察而闻名。他的研究涵盖了从新媒体艺术到人工智能美学等多个领域。2021 年，马诺维奇的著作《人工智能美学》（*AI Aesthetics*）是一本探讨 AI 在艺术和美学领域影响的书籍，重点探讨了 AI 如何重新定义美学和艺术创作，从而形成一种新的“美学”。马诺维奇的《人工智能美学》和 2001 年的著作《新媒体的语言》在主题和观点上有着紧密的关联，虽然它们分别集中于不同的技术和美学领域，但都涉及新媒体技术如何重新定义艺术和文化表现。

马诺维奇在探讨人工智能美学时，不仅深入剖析了 AI 技术在艺术创作中的应用与潜力，还前瞻性地展望了这一领域的未来发展。他首先定义了 AI 艺术，即利用人工智能技术辅助或独立生成的艺术作品，这些作品不仅复制了人类艺术的风格，更试图探索和创新艺术的新边界。马诺维奇通过具体案例，如 AI 模仿伦勃朗画风和巴赫音乐风格，论证了 AI 在艺术创作中的模仿能力；同时指出，这些作品虽惊人相似，却未能完全展现原创性。他进而探讨了 AI 创造力的本质，认为尽管 AI 能创作出令人瞩目的作品，但其创作过程仍受限于算法和程序的框架，难以达到真正意义上的自主性与创造性。

为了评估 AI 作品的创造性，马诺维奇提出了“创造力图灵测试”的概念，这不仅挑战了我们对 AI 智能的传统认知，也引发了对艺术原创性本质的深入思考。他进一步讨论了 AI 技术对人类艺术创作的影响，既揭示了人类创造力的机械本质，又为艺术创作提供了新的视角和工具。马诺维奇坚信，随着 AI 技术的不断进步，AI 艺术将不再局限于模仿，而是有能力创造出超越人类传统艺术框架的新形式，从而极大地拓展我们对艺术的理解与体验。

这些观点与马诺维奇过去关于“新媒体的语言”的论述紧密相连，共同反映了他对技术驱动艺术变革的深刻理解。在“新媒体的语言”中，他强调了新媒体技术如何重塑艺术创作与传播方式，扩展了艺术表达的语言和符号系统。同样，在 AI 美学的讨论中，马诺维奇也看到了 AI 技术为艺术创作带来的新语言和新工具，这些变化不仅丰富了艺术的表现形式，还增强了作品的互动性和参与性。

总的来说，马诺维奇对 AI 美学的定义、论述与展望，不仅揭示了技术在艺术创作

中的关键作用，还预示了艺术与技术深度融合的未来趋势。他坚信，随着技术的不断进步，AI将成为艺术创作中不可或缺的一部分，推动艺术领域持续创新与变革。

（二）涌现：人工智能美学的创造性潜能

当我们将视野聚焦到当前的AI影像作品创作的晚近成果时，会发现一个趋势。尽管当前的AIGC技术手段依然存在诸多问题，但创作者通过发挥“人”的聪明才智，能将其局限甚至故障进行驯服——对“涌现”的运用即是典型的例子。

“涌现”不仅涉及人工智能系统中的机器行为，也开始成为当前AI艺术作品、影像创作的关键性技术驱动力。“涌现”一词原本描述的是人工智能系统发展到一定阶段后展现出超出预期或设计之初的能力，它不是简单地通过算法叠加或参数调整获得的，而是系统内部各组件之间相互作用的复杂结果，是大模型学习到的高级行为。

“涌现”在AIGC应用中的技术基础是生成对抗网络（GANs）与神经风格迁移（Neural Style Transfer，NST）。GANs是一类通过两个神经网络（生成器和判别器）相互竞争训练的模型，生成器试图生成看起来逼真（或与原作高度相似）的图像，而判别器则试图区分生成图像和真实图像；通过二者的对抗训练，GANs可以生成高质量的图像。而NST技术的涌现性呈现在视觉艺术创作的领域得到了广泛应用，当前国内外主要将其应用于AI图像编辑和图像风格转换等方面。

作为当前AIGC多模态生成机制的主要技术基础之一，“涌现”的技术特性一般包括但不限于以下三方面：不可预测性（Unpredictability）、整体性（Holism）与自适应性（Adaptability）。不可预测性说明AIGC系统很难准确预测在复杂交互中会展现出哪些新特性或能力；整体性意味着，这些新特性或能力并非某个单一组件所能具备，而是系统作为一个整体在动态运行过程中自然形成的；自适应性则指的是AIGC系统能够根据环境变化或输入的不同调整其行为和功能，且这种适应能力允许系统在不断变化的条件下继续有效地运行。以上三个技术特性最终导致了作为一种“机器行为”（Machine Behaviour）的“涌现”的实现。

近年来，国内外的新媒体艺术家、创作者们开始自觉借助“涌现”所带来的技术性特征创作各种类型的AI影像作品，将其转化为艺术性的探索，体现出以下发展潜能：首先，不可预测性允许艺术家利用AI生成不同以往的图像或视频，以此作为创作的灵感来源；其次，整体性能够在综合不同元素的同时保持创作结果的统一；最后，自适应性使得艺术作品能够根据观众的反应和环境变化做出实时调整，甚至能够根据观众反馈或环境条件的变化生成动态内容。

面对“涌现”的技术特性，AI艺术创作者们试图挖掘其积极意义。在以传统文化为题材或元素的AI微短剧中，“涌现”行为被具体应用于探索崭新的视觉呈现与叙事方式，从而实现对中华优秀传统文化的创造性转化。

“涌现”不可预测性所产生的视觉效果被广泛运用于当前AI微短剧、纪录片、宣传片等影像作品当中，成为一种蒙太奇表现方式或特定的视听语言风格。作为一种用于生成视频和动画效果的AIGC工具，Deforum的生成方式便体现了“涌现”特性中的不可预测性。Deforum通过对扩散过程进行引导，允许用户生成高度自定义和连续的动画序列。在这些序列中，每一帧图像都是根据前一帧的生成结果，并结合用户设定的关键帧（或首尾帧）进行引导，从而产生平滑的过渡效果。因此，Deforum通常被用于实现两个场景之间的流畅过渡，尤其适合用于处理差异较大的场景。

相关案例

Deforum工具所产生的AI作品视听语言

央视频推出的微短剧《AI看典籍》利用Deforum的技术特性，将其作为表现“梦境”“回忆”内容的一种特殊视听语言风格。例如在第二集《陆羽茶经》中，当颜真卿品尝陆羽为他亲自煮的一杯茶时，画面呈现出他脑海中对“大唐盛世的画面及其背后所暗藏的种种危机”的联想，从宫女在殿上起舞过渡到君王将军与谋士在殿上议事，随后变成远山亭台楼阁，转而变成燃烧的宫殿，最终切回颜真卿沉思的镜头。又如这一集的结尾处，镜头从爷孙两人“讲故事”的情景逐渐拉远，画面叠化为一幅真实存在的、元代画家赵原所绘的《陆羽烹茶图》，从而产生了历史与幻想、真实与传说相交叠的效果。

案例出处：许文广，杨娜．AI微短剧赋能中华优秀传统文化传播新路径——以《中国神话》《AI看典籍》为例［J］．电视研究，2024（5）：16－18＋25．

值得一提的是，国内AI影像作品创作通过将AIGC在“涌现”技术逻辑下的不可预测性与整体性等特性转化为崭新的视觉呈现与叙事方式，拓展了传统文化题材、元素与文化内涵的创造性转化可能。然而受限于作品自身的当前形态特性及其所承载的媒介平台，目前国内AI作品在自适应性方面尚缺乏一定的探索。但在以博物馆等场景为依托的AI影像装置艺术、互动作品中，自适应性已经得到较为充分的展现。可以期待的是，“影游融合”对未来AI影像新形态的探索，也许更能彰显“涌现”自适应性的优势。

本讲小结

1．“新媒体艺术”概念的内涵与外延众说纷纭，大致可分为“狭义”与“广义”的两种。

2．狭义的“新媒体艺术”，关键词是“艺术”，即认为新媒体艺术是各种艺术流派发展到今天的晚近形态，这种思路是一种“艺术史”的视角。其代表是各个当代艺术家使用“新媒体”手段创作的艺术作品。

3．广义的“新媒体艺术”，关键词是“新媒体”，即认为新媒体艺术是依托于新媒体的各种内容形态中所呈现出的堪称“艺术”的部分，这种理解是一种“媒介”的思路。它有另一个更准确的概念叫“数字媒体艺术”，泛指各种以数字化媒介为载体的艺术形态，它们或者将旧有的艺术形态进行数字化，或者基于数字化的特征催生新的艺术形式。

4. 在生成式人工智能与数智媒体的加持下，各个新艺术样式也会生发出“人工智能美学”的崭新潜能。“涌现”作为一种生成式人工智能的机器行为，在艺术家与创作者利用 AIGC 的涌现行为进行图像与影像创作的过程中，正被转化为艺术性探索，彰显着“人工智能美学”的创造性潜能。

参考文献

Erik M. Mona Lisa Reimagined [M]. San Franciso：Goff Books，2015.

吕欣，廖祥忠. 数字媒体艺术导论 [M]. 北京：高等教育出版社，2014.

[美] 列夫·马诺维奇. 新媒体的语言 [M]. 车琳，译. 贵阳：贵州人民出版社，2020.

列夫·马诺维奇，埃马努埃莱·阿列利，陈卓轩. 列夫·马诺维奇：人工智能（AI）艺术与美学 [J]. 世界电影，2023（3）：4－24.

陈亦水. AI 忆术：迈向完整电影神话的 AI 电影本体论之问 [J]. 南京社会科学，2024（7）：100－112.

第九讲　数智媒体艺术的数据库逻辑

在讨论互联网环境下的文化实践时，我们不能忽视那些看似“小众”的亚文化现象，如“二次元”“同人”“玩梗”“二次创作”等。这些新媒体内外的亚文化现象，不仅仅是某一群体的文化消费偏好或娱乐方式，更是对当代文化（尤其是后现代主义文化）诸多突出特征的生动体现。这些现象的背后，反映了当代社会中个体与群体在数字媒介环境中的文化身份建构、意义生产与再生产的复杂过程。

从表面上看，这些亚文化现象似乎是互联网世界中的边缘存在，但它们实际上在新媒体艺术、文化实践及内容生产与衍生的方式中扮演着至关重要的角色。它们通过去中心化的表达方式、参与式文化生产和跨媒介的文本互文性，重新定义了文化的创造和消费方式。通过这些现象，用户不仅仅是文化的接受者，更是积极的参与者和再创作者。正是在这种循环互动中，新媒体艺术的“数据库逻辑”逐渐浮现——一种将文化生产视为数据的存储、选择与重组的逻辑，这种逻辑颠覆了传统的线性叙事模式，推动了新的内容生产模式的形成。

这些亚文化现象的兴起与扩展，不仅使我们得以窥见新媒体艺术及其相关领域的创作逻辑，更让我们认识到当代互联网文化的深层逻辑。它们展示了如何通过“数据库”的文化逻辑、数据化的技术方式，进行意义的生产、交换和再创作，形成了一种“用户—数据—再生产”的文化循环。这种逻辑在一定程度上挑战了传统的艺术创作观念，将文化生产从“原创性”转向“改编性”，从“作者中心”转向“用户中心”。

对这些文化现象的深入研究，是理解当代互联网文化及其与新媒体艺术、文化实践、内容生产模式之间关系的关键入口。它们不仅提供了一个全新的视角去看待数字时代的文化生产与传播，也使我们能够更深刻地理解新媒体艺术中的数据库逻辑及其在文化内容生产中的重要性。通过这一视角，我们可以更全面地揭示当代文化生态中的复杂互动和潜在的力量结构，理解这些现象如何推动和塑造了新的文化生产范式。

一、从“数据库”到数据库消费：一种文化逻辑

在我们的日常生活中，我们与数据库的接触无处不在。无论是在网上购物、使用社

交媒体，还是在工作中查找信息，数据库技术都在后台默默地支持着这些活动。数据库不仅仅是存储信息的地方，帮助我们高效地管理和检索大量数据，还让我们能够快速找到所需的信息。

然而数据库不仅在技术上辅助我们的信息管理，还在更深层次上塑造了我们的认知模式。它们的存在影响了我们如何组织和处理信息，甚至改变了我们看待世界的方式。

什么是技术层面的数据库？

在技术层面，数据库是一种用于存储、管理和检索数据的结构化集合系统。它允许用户高效地存取、更新和管理大量数据，并在需要时进行数据分析和查询。数据库通常由数据的集合和管理这些数据的系统组成。

数据库提供了一种将数据保存到存储介质（如磁盘）的方式，使数据在系统关闭或故障后仍然存在。数据库通过索引、视图、存储过程等机制，提高了数据访问的效率和灵活性。同时，支持多个用户同时访问和操作数据，确保并发操作的正确性。

我们可以用一个“图书馆”的比喻来形象化理解，数据库的运作原理。数据库就像一个有条理的图书馆，每个“表”相当于一个书架，专门存放特定类型的数据，如“顾客信息”“订单信息”等。在这些表中，每条“记录”类似于书籍，包含某个对象的详细信息；每个“字段”则像书的章节，表示数据的不同属性，如“姓名”“地址”等。

数据库的核心管理机制——数据库管理系统（Database Management System，DBMS），可以看作图书馆的管理员。用户需要查找数据时，DBMS会迅速定位到相应的表（书架）、记录（书籍）和字段（章节），高效完成查询。例如，查找某位顾客的订单历史时，DBMS会快速在“顾客信息”表中定位并提取数据。

数据库还依赖“索引”这一机制，类似于图书馆的目录，以加快数据检索速度。数据库的操作如同“借书”或“归还”流程，用户可以插入、查询、更新或删除数据，这些都由DBMS控制，确保数据的一致性和完整性。

数据库是现代信息系统的核心基础设施，广泛应用于企业管理系统、电子商务平台、社交网络、数据分析、人工智能和物联网等各个领域。其核心作用是提供数据的高效存储、检索、分析与管理服务，支持各种应用程序的正常运行。

“认知”的方式是后现代主义研究者所重点关注的问题。在后现代主义的视野中，“认知”不仅仅是一个心理或生物学过程，更是一种深受社会文化和技术环境影响的动态结构。一种后现代主义的观点认为，数据库如今已不再是一种外在于我们的单纯技术工具，而是成为内在于我们的“认知图式”（Schema）。也就是说，计算机网络和信息技术的客观结构已经渗透到我们的日常思维之中，深刻改变了我们理解、组织和处理信息的方式。这种观点挑战了传统的认知观念，表明技术不仅是人类认知的工具，更是塑造和构建认知的基础。

图式与认知图式

图式（Schema）是用来组织、描述和解释我们经验的概念网络和命题网络。认知心理学家认为，人们在认知过程中通过对同一类客体或活动的基本结构的信息进行抽象概括，在大脑中形成的框图便是图式。而认知图式是瑞士心理学家皮亚杰提出的认知发展理论中的一个核心概念。它指的是人们为了应付某一特定情境而产生的认知结构，即人脑中已有的知识经验的网络。

从柏拉图的“理念论”、康德的“图式说”到皮亚杰的“认知结构理论”，认知图式的概念不断发展。

认知图式是表征、组织和解释经验的模式或心理结构，是个体在与环境的不断相互作用中建构起来的。它影响个体对相关信息的加工过程，帮助个体理解和应对新的情境，帮助个体将新信息与已有的知识经验进行整合，形成更加完整和系统的认知结构，指导个体的行为决策和应对方式。

这一假设在日本后现代主义文化学者东浩纪的研究中尤为突出。他提出了“数据库消费”（Database consumption）的概念，以此来批判性分析日本“宅文化”“二次元”等后现代文化和亚文化现象。“数据库消费”概念首次出现在他的著作《动物化的后现代 1》中。东浩纪的理论试图通过“数据库消费”来揭示“御宅族”如何通过文化消费的方式反映出日本社会的后现代性特征。

“数据库消费”理论的核心包括以下两个关键方面：

首先，这一理论从日本的历史和文化背景出发，探讨了御宅族的文化消费方式如何反映出日本社会的后现代特征。御宅族（也称为“御宅族”或“宅男宅女”）指的是那些沉浸于二次元文化（如动漫、游戏等）并以此为主要生活方式的人群。在东浩纪看来，在日本这种文化环境中，传统的宏大叙事和故事结构逐渐失去了其原有的影响力。以往，宏大叙事通过长篇故事和连贯的叙述来塑造和传递文化价值观。然而，随着后现代文化的兴起，这种传统的叙事模式正被一种基于“数据库”式的选择和重组模式所取代。这种模式强调了信息的碎片化、组合和再创造，而不是依赖于线性叙事的连贯性。文化消费从关注宏大叙事的结构性转向了对个别数据的重组和利用，这反映了后现代社会中对信息处理方式的变化。

拓展阅读

“御宅族”与“宅文化”

“御宅族”是一个日语词汇，用来形容那些对某一特定兴趣（如动漫、游戏、模型、偶像等）有极端热情和深入投入的人群。这个词最早是用来描述对动漫和游戏极度着迷的群体，但随着时间推移，已扩展到包括对其他类型的流行文化产品的极度兴趣。虽然“御宅族”这个词在日本有时带有负面的含义，暗示这些人生活孤立、社交能力较差，但是在其他地方，尤其是在粉丝社区中，它通常被赋予了中性或积极的意义，象征着对某种文化的深刻热爱。

“宅文化”是指由“御宅族”所形成的特定文化圈和生活方式。这种文化的核心特征包括对动漫、游戏、模型等方面的深度参与和消费。宅文化强调个人的兴趣和爱好，通过各种媒介（如漫画、动画、游戏、同人作品等）进行表达和交流。

其次，从更广泛的后现代认知趋势来看，东浩纪认为我们的世界观正经历从“叙事化”到“数据库化”的转变。在传统的“叙事化”世界观中，人们通过故事和影片等连贯的叙事来理解世界，这种方式强调了线性叙事的整体性和连贯性。然而，随着信息技术的发展，尤其是数据库和界面的广泛应用，人们的认知方式正在向“数据库化”的模式转变。在这种模式下，信息的获取和理解不再依赖于传统的线性叙事，而是通过数据的搜索、排序和筛选来实现。数据不再是单一故事的一部分，而是可以被任意组合和重新配置，形成多样化的信息体验。

东浩纪的“数据库消费”理论从认知图式的角度回应了现代哲学家利奥塔、科耶夫和鲍德里亚对后现代性的宏大叙事瓦解的预言。利奥塔在其著作《后现代状况》中提出，宏大叙事（Grand narratives）在现代社会中逐渐瓦解，人们不再通过统一的大叙事框架来理解世界，而是转向了更加多元和分散的知识体系。这一理论指出，传统的“树状模式”——通过多个小故事构建宏大叙事——正在被取代。在这一传统模式中，个体通过阅读和消费大量小故事来建立一个隐藏的宏大叙事框架。这一框架不仅支撑了个人的世界观，还成为知识的合法性基础。

图 9-1 所示的是利奥塔所言的宏大叙事瓦解之前，人们阅读故事的一种主流的、传统的方式，呈现为一种同根同源的“树状模式”：读者通过阅读表层结构的诸多“小故事”来幻想处于深层结构的宏大叙事；反过来，宏大叙事通过小故事来影响和决定人，建构人的主体性。因为这一宏大叙事是知识合法性的基础，因此人通过阅读故事而强化了对外部世界的整体性理解。简言之，通过阅读虚构的小故事，我们获得了“这则故事告诉我们”的关于真实世界的“教谕”。

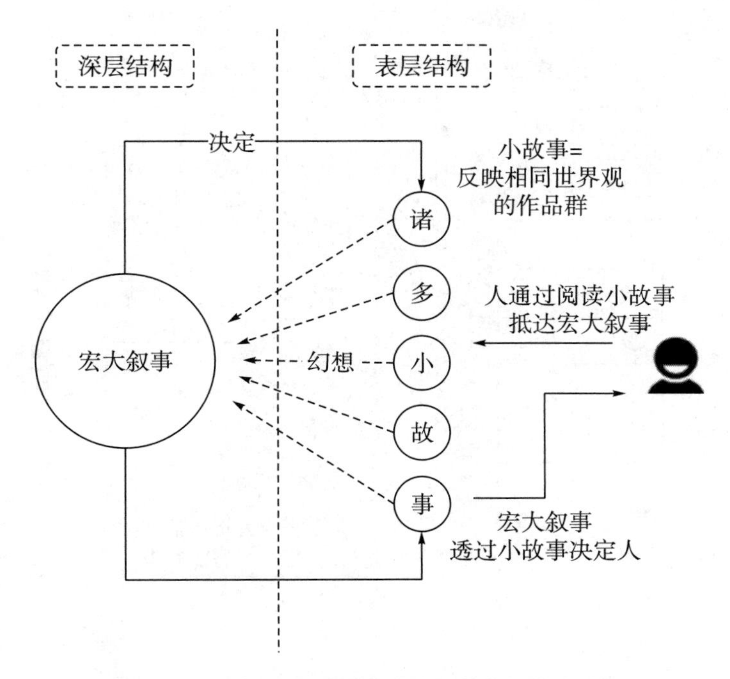

图 9－1　树状模式的、经典的故事消费模式

如果说，传统的“树状模式”通过小故事构建宏大叙事，影响和决定个人的主体性。通过阅读虚构的小故事，人们获得了关于真实世界的教义，从而强化了对外部世界的整体理解。那么，随着后现代主义的发展，这种模式正逐渐瓦解。东浩纪认为，现代社会正转向一种“数据库”逻辑，在这种逻辑中，叙事的力量被信息的组合和重新配置所取代。人的认知开始依赖于数据库和界面，通过不断的数据选择、排列和再创造来构建理解。这种转变标志着从传统的“讲故事”模式到“搜索和重组”模式的思维范式变迁，使得文化消费不再围绕宏大叙事展开，而是转向在数据库中进行的个性化数据操作。

东浩纪所要阐明的是图 9－2 所示的情况，即前述的“块茎模式”。图中展示了一个由数据库模式组织起来的大型非叙事结构，它取代了传统的宏大叙事。具体来说，这种模式表现为“人物萌元素”和“设定的集聚”等非叙事性内容。在这一模式中，宏大叙事的深层结构被替换成了一个由数据块组成的网络，其形式类似于计算机网络的信息储存、传输与读取方式，而在这一结构中，宏大叙事几乎没有存在的空间。

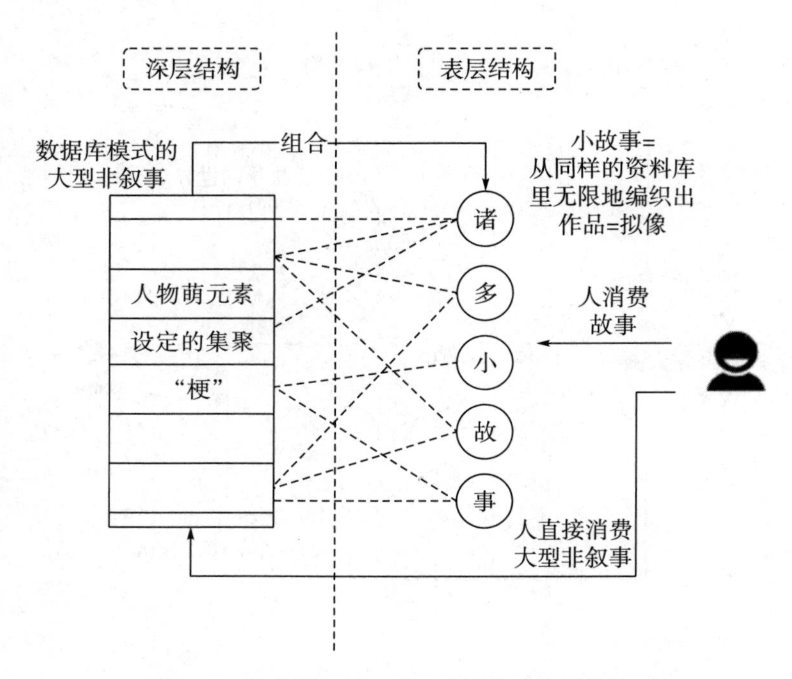

图 9—2　块茎模式的、后现代的数据库消费模式

人物萌元素

人物萌元素（或称“萌属性”）是指在动漫、游戏以及相关流行文化中，特定角色所展现的具有吸引力的特征和行为方式，这些特征和行为方式通常能够引发观众的喜爱和情感投入。例如，一个角色的特定发型、服装或行为特征可以成为广泛认同的符号，并在其他作品中重复出现，从而形成一种文化上的共鸣。

萌元素的形成基于几个核心要素：首先是角色设计中的视觉特征，如大眼睛、幼态的外观和夸张的表情，这些特征能够激发观众的保护欲和亲近感。其次，角色的行为特征，如无辜的言行、羞怯的举止等，也常常增加角色的萌感。最后，角色的背景故事和个性特征，如孤独的英雄、善良的伙伴或搞笑的反派，都是萌元素的关键组成部分。

根据东浩纪的研究，“萌”这一概念首次出现于 1980 年代末期，最初用于描述对动漫、动画和电玩游戏中的主角或偶像产生的虚构欲望。这里的“萌”不仅指对角色的喜爱，也涉及角色设计中能够引发观众强烈情感反应的特征。然而，在数据库消费的模式下，催生“萌”的感性效果已经不再单纯依赖于人物角色本身，而是其身上的“萌元素”。这些萌元素源于具体的动漫作品，并被汇集到数据库中进行管理和重组。

在这一模式下，萌元素不仅被从原有的动漫作品中提取出来，还能够在数据库中得到新的加工和重新应用。这些元素从数据库中被提取并成为其他作品中人物设计的依据，形成了一个动态的、持续演变的文化网络。换句话说，“萌元素”在数据库中既是具体作品的衍生物，又是新作品创作的重要素材。这种模式使得萌元素不断在不同作品之间传递、变形和增值，形成了一种跨作品的文化流动和再创造。这种过程不仅提升了萌元素的文化影响力，也促使其成为新作品中的设计基础和创作灵感来源。

“设定的集聚”涉及故事世界中的机制设计、道具设计等元素，这些要素通常有明确的起源，并在后续的其他知识产权作品中得到延续和扩展。尽管这些内容被视为“非叙事”的，它们与故事的叙述并非完全无关。实际上，它们作为叙事的基本构件存在，能够独立存在并且被单独消费。例如，某个游戏中的特定魔法物品或动漫中的独特服装设计，尽管它们并不直接推动情节发展，但却在故事的设定和背景中扮演重要角色，并可能在其他作品中被重新利用和改编。

在这种模式下，观众和读者仍然通过阅读表层的小故事来获得满足，但他们不再需要依赖宏大叙事来获得普世性的意义。相反，他们只需识别和理解构成这些小故事的大型非叙事内容，即可获得满足。随着亚文化和用户生成内容的不断扩展，新产生的文本与经典文本被拆解、归类和重组，动态地丰富和构建着数据库模式的深层结构。这种动态构建正是这一模式的核心特征和生命力所在。东浩纪将这种基于小故事及其背后数据库内容的消费行为称为“数据库消费”。

以动漫、游戏与小说等文化产品中的现象为例，东浩纪试图证明，以数据库模型为基础的消费模式在日本御宅族中已成为主流，并且成为其亚文化的典型表征。在这一模式下，作品不再依赖于传统的类型（Genre）逻辑，即不再基于固定的元素或类型成规，而是基于数据库消费的特定感性形式。

例如，经典动漫人物形象的数据库化经历了一个双向过程：一方面，它影响了消费者对该 IP 的标志性认知；另一方面，它也影响了后续动漫作品的创作。结果，后续出现的角色形象可能因采用了新的萌元素（如沉默的性格、蓝色的头发、白色的肌肤、神秘的能力等），在无意识中与此前的角色相似。这种现象使得萌元素所构成的数据库深层结构成为消费者和创作者真正追逐的对象。东浩纪评论道：“在角色（拟像）和萌元素（数据库）这双层结构之间往返，是一种非常出色的后现代化消费行为。”

二、当前中国互联网的内容衍生与数据库逻辑

随着社会语境和流行文化的变迁，数据库消费的具体表现形式也随之发生改变。因此，我们不能将其视为一种必然发生的“后现代”现象。尤其在不同国家的文化特征和社会语境下，虽然也可以观察到类似数据库消费的现象，但这些现象可能朝着不同的方向发展。

越来越多的中国学者指出，对于国内二次元文化及当代中国互联网上各种文化的研究，直接套用东浩纪的理论可能并不适用，因为我国的社会语境和流行文化的最新发展具有其独特性。东浩纪的理论虽然在日本及其他国家的文化环境中具有一定的解释力，但在中国，数据库消费的表现形式和影响因素可能与其理论框架有所不同。

因此，我们需要从一些典型案例出发，分析当前中国互联网上新媒体内容衍生过程中所体现的数据库逻辑的一般性特征，以及这些特征在中国特定语境下的表现。这些案例将有助于揭示中国网络文化中数据库逻辑的实际运作方式，并探讨其与中国特有的社会文化背景之间的关系。

（一）案例一：《三体》的IP开发与内容衍生

小说《三体》所产生的社会反响及其IP衍生开发实践是一个典型的案例，展示了新兴的文化现象和数据库消费模式的实际应用。狭义上的《三体》IP开发指的是由小说版权方进行的商业行为，包括公司成立和运营策略，专注于将《三体》小说的知识产权进行开发和商业化。广义上的《三体》内容衍生相关文化现象指的是围绕《三体》小说文本所形成的一个文化体系，这一体系弥散在跨媒介叙事中，由多个参与方共同建构而成，包括版权方、影视化开发方、粉丝以及社会各界的广泛参与。

作为文化现象，这一体系是一个动态的互动建构过程。一方面，从《三体》影视化项目的立项开始，到近年来在国产剧集、国产动画以及海外剧集等领域的同步推进，版权方在其中发挥了主导作用。另一方面，在电影版项目搁浅后，粉丝开始自发制作UGC视频，概念短片《水滴》（2015）和自制动画《我的三体》（2014）成为其中的代表性作品。

概念短片《水滴》仅仅展现小说《三体2：黑暗森林》中的三体人飞行器“水滴”与人类星舰相对峙的一个静态的、无情节的场景，但以镜头视角的缩放反衬二者在工艺上不可思议的差距，由点及面地阐发了小说在时空想象上的崇高范畴。《水滴》虽然以概念和表现代替了传统叙述，但在粉丝群体中获得了良好口碑。这一现象可以归因于电影版项目搁浅后，粉丝对替代性内容的需求，同时也反映了这一文化现象中数据库消费的特点。

需要注意的是，粉丝和版权方并非对立关系，而是通过互联网虚拟社群进行紧密互动。例如，《我的三体》在第二季后从粉丝的二次创作转变为经官方收编的系列动画，以人物传记形式呈现主线故事。

如果我们尝试从这一文化现象中寻找数据库消费的对应物，我们就会发现，与东浩纪分析的以“萌元素”为深层结构的日本御宅族文化不同，支撑该文化体系的主要元素是凝缩了思想实验的概念或作为提示物的“梗”。这一文化现象以小说文本为核心，其数据库基础是原本由文字所描述的设定。这个数据库既包括激发视觉性的元素（如“人列计算机”“二向箔”），也包括纯理念性和思辨性的元素（如“恒/乱纪元”“思想钢印”“面壁计划”等）。早期的《三体》小说粉丝已经表现出对文本的数据库式消费行为，例如用文本中的经典口号或语词作为粉丝群体互认的标志（如“消灭地球暴政，世界属于三体”“不要回答！不要回答！不要回答！”“脱水”等），以及将小说中的标志性片段拆解为谜因（Meme），在互联网上增殖，吸引圈外人群成为读者。

（二）案例二：“同人”文化的内容生产

“同人”文化，源自日本词汇“同人”（どうじん，doujin），指的是由爱好者创作

并基于已有的流行作品进行二次创作的文化现象。这些创作形式通常涵盖小说、漫画、插画、动画、游戏等，内容包括原作的同人续写、角色延伸、改编等。此种创作活动并不局限于专业艺术家和作家，更多由爱好者主导，因此体现了一种去中心化的、开放的文化生产方式。

同人文化起源于日本20世纪70年代。当时，部分年轻漫画家对商业漫画的表达方式感到不满，开始自行出版漫画作品，形成了一种“同人志”（自费出版物）的出版形式。这些出版物不仅对主流文化提供了另类视角，也为创作者提供了一个自由表达的空间。1980年代，随着“Comic Market”（简称“Comiket”）的举办，同人文化开始兴起。进入21世纪，数字技术的进步使同人作品更易于生产和传播。随着日本ACG（Animation Comic Game的缩写，是动画、漫画、游戏的总称）文化在全球范围内的扩展，同人文化逐渐向韩国、中国等东亚国家以及欧美等地传播，形成了跨文化的全球同人社区。

同人文化在中国的兴起大致可以追溯到20世纪90年代末21世纪初，受到日本ACG文化的影响。当时，中国的“二次元”文化社群逐渐形成，以《圣斗士星矢》《美少女战士》等日本动画为代表的作品成为早期同人创作的重要对象。互联网的普及加速了中国同人文化的发展，特别是BBS、贴吧、微博、微信公众号等社交平台的兴起，为爱好者提供了交流与分享的平台。

在中国，同人文化的特征具有一定的本土化色彩。创作者不仅对日系ACG作品进行二次创作，还包括对国产影视剧、网络小说、传统文化元素等进行改编与扩展。例如，对《魔道祖师》《镇魂》等中国网络文学作品的二次创作就成为近年来同人创作中的重要内容。这种创作不仅是对文化产品的再消费，同时也体现了中国网络文化中“去中心化”与“去精英化”的趋势。

在中国互联网文化中，同人文化具有多重意义。首先，它是一种草根文化，体现了大众对主流文化作品的再解读与再创作，丰富了文化产品的意义层次和表达空间。其次，同人文化在中国的崛起反映了网络时代的文化消费转型。互联网的开放性使得普通用户能够直接参与文化创作，而不再只是文化产品的消费者，这种现象在同人创作中表现得尤为明显。

从数据库消费的理论视角来看，“同人”文化不仅是一种文化创作现象，更是一种典型的“数据库消费”模式。这一模式体现在同人创作活动中的去中心化与开放性，体现了对原有文化作品的再解构和再创造。

然而，同人文化也可能对文化生态带来负面影响。首先，同人文化常常涉及对原作的二次创作，这种活动可能引发版权和知识产权的问题。虽然同人创作在许多情况下被视为对原作的致敬和扩展，但未经授权的使用仍然可能侵犯原作者的权益，导致法律和道德上的争议。

此外，同人文化往往侧重于对原作的再创作和细节重组，而非创新性的文化生产。这种对原作的重复消费和重组可能导致文化内容的表面化，缺乏对新观念和新主题的深入探索。

（三）案例三：玩“梗”

“梗”（gěng）在中国的网络用语中是“哏”（gén）的讹字，意思是笑点、伏笔，或是有特别指涉含义或讽刺意涵的东西，在中文互联网中通常是指网络上流行的、具有一定趣味性或幽默感的元素。这些元素可以是图像、短视频、段子、表情包、俚语等，通常源自特定的文化现象、事件或娱乐作品。“梗”的主要特征是易于传播和模仿，它们能够在网络上迅速传播并成为集体记忆的一部分。

用户对热梗的再创作和变异是数据库消费中的一个重要方面。用户会将热梗应用于不同的上下文中，创造新的衍生内容，从而推动梗的演化和传播。UGC 内容的涌现使得梗的数据库不仅仅是存储静态信息的地方，更是创作和讨论的平台。热梗的传播和使用通常依赖于社群的互动和参与。用户在社交媒体上分享和讨论梗，这种社群互动有助于进一步推动梗的传播和数据库更新。

因此，在传播的意义上，“梗”可大致理解为“谜因”（Meme），即文化意义上的信息基因。谜因指的是文化中可以模仿和传递的基本单位，类似于生物学中的基因。它们包括思想、行为、语言、艺术等，通过模仿和传播在社会中扩散。

1976 年，英国演化生物学家理查德·道金斯（Richard Dawkins）在其著作《自私的基因》（*The Selfish Gene*）中创造了这个词：在最初的语境中，Meme 约等于人类的“文化基因”。道金斯以一种颠覆的视角重新阐释了人与基因的关系，简言之：是基因，而非人占据着主导地位。

道金斯用“谜因”来描述文化单位如何在社会中传播和进化，类似于生物学中的基因如何在生物体内传递和变异。而谜因的传播依赖于社会互动和文化传递，类似于基因在生物体中的遗传。谜因可以是故事、习俗、流行语等，它们在不同的文化和社会环境中不断变化和适应。

谜因的产生、衍生，以及我们对它的传播和消费，基本上与前述数据库消费的逻辑相契合。而网络热梗体现了谜因的病毒式传播特征。它们通过社交媒体、论坛、短视频平台等迅速扩散，类似于谜因在文化中的扩散方式。热梗通常具有高度的模仿性和变异性，用户通过不同的创作和再创作将热梗不断演变。网络热梗作为谜因的一部分，往往会经历变异和再创作。用户在分享和传播热梗时，会加入个人化的元素，使其在不同的语境和文化中产生新的意义。这种变异和再创作正是谜因传播过程中的核心特征。

课堂讨论

为什么 20 世纪八九十年代春节联欢晚会中各种语言类节目的内容，会作为“梗”在当代互联网上传播？它的传播方式是怎样的？

（四）案例四："鬼畜"视频

"鬼畜"是一种在中国互联网文化中广泛存在的表现形式，它主要涉及将现有的音视频素材进行恶搞、剪辑和重新组合，以创造出幽默或具有讽刺性的内容。这种文化现象最初源自日本，但在中国互联网文化中发展出了独特的表现方式。

鬼畜的核心特征包括音视频的恶搞处理、重复和循环的运用以及文化的调侃。具体而言，鬼畜作品常通过剪辑、拼接、配音等方式对原素材进行恶搞，创造出夸张和滑稽的效果。通过对特定片段、音效或台词的重复和循环，鬼畜作品可以放大这些元素的特点，从而产生幽默或讽刺的效果。这种现象通常对流行文化、名人、影视作品进行调侃，以此展现出对现有文化符号的重新解读。

在中国，鬼畜文化的发展与互联网平台的兴起密切相关。自 2010 年代初期，鬼畜文化开始在各大视频平台和网络社区中出现，特别是在 B 站（哔哩哔哩）等二次创作和恶搞文化盛行的平台上得到了广泛传播。随着短视频平台如抖音和快手的兴起，鬼畜内容的表现形式变得更加多样化，融入了更多现代元素和互联网流行语，也变得更加普及。

鬼畜视频可能是基于其他的"梗"进行的二次、三次甚至 n 次创作，例如许多 UGC 内容中对《三国演义》《红楼梦》《甄嬛传》等电视剧影像素材的二次剪辑创作，既是基于既有经典电视剧的数据库，又形成了自己的数据库消费逻辑。

课堂讨论

你是否看过基于"四大名著"电视剧的二次创作或"鬼畜"视频？
你如何看待这一现象？

鬼畜文化不仅是一种娱乐方式，也反映了互联网用户对主流文化和社会现象的独特态度。通过恶搞名人、媒体和文化现象，鬼畜作品提供了一种对现有文化的批判和重新解读的方式。然而，这种文化现象也面临争议，特别是在涉及个人隐私和名誉时，可能引发法律和伦理的讨论。

三、数智时代新媒体艺术的数据库逻辑与内容生产

"数据库消费"理论提供了一种框架，用于描述后现代状况下的认知图式，其核心在于如何通过数据库的逻辑来理解现代社会的文化和认知模式。在当今的大数据时代，这种理论的比喻式描述逐渐转变为实际的商业和文化实践方式。特别是，随着人工智能生成内容（AIGC）的快速增长，技术的进步是否将促进这种模式的普及，以及它将如何影响我们的文化样态，成为一个重要的讨论点。

AIGC 的迅猛发展带来了技术手段的普及，它是否会将数据库消费进一步扩展成为

大众文化的特征，甚至影响我们未来的认知和参与方式，值得深入探讨。从内容生产的逻辑来看，AIGC 和数据库消费共享一种底层结构。AIGC 内容本质上是一种基于大数据“数据库”的“二次创作”，利用算法从海量数据中提取和整合信息，生成新的内容。这种生产逻辑与传统的数据库消费有相似之处，即都是基于对数据的提取和重组。

然而，AIGC 与传统的数据库消费存在显著的区别。AIGC 不仅仅是一个工具，它通过对大数据进行提取和融合，实现了内容生产的自动化和高效化。这一过程中的数据库消费倾向被技术所框定，能够在满足市场需求的同时，迅速生产出符合预期的内容。技术，特别是人工智能技术的引入，可能会对东浩纪所提出的“块茎结构”认知图式模型带来新的修正。

如图 9－3 所示，这一模型在两个方面对原有模型进行了更新。首先，在故事消费的模式下，虽然人们依然消费表层的故事内容和深层的数据库，但这个数据库的动态生成已不再局限于特定的亚文化群体（如御宅族），而是将整个大数据环境纳入其中。其次，人工智能在这一模型中发挥了关键作用：一方面，通过对大数据和大语言模型进行对抗式学习，AIGC 能够不断优化内容生成；另一方面，AI 与人类的协同创作将深层结构的数据库转化为便于消费的表层故事。

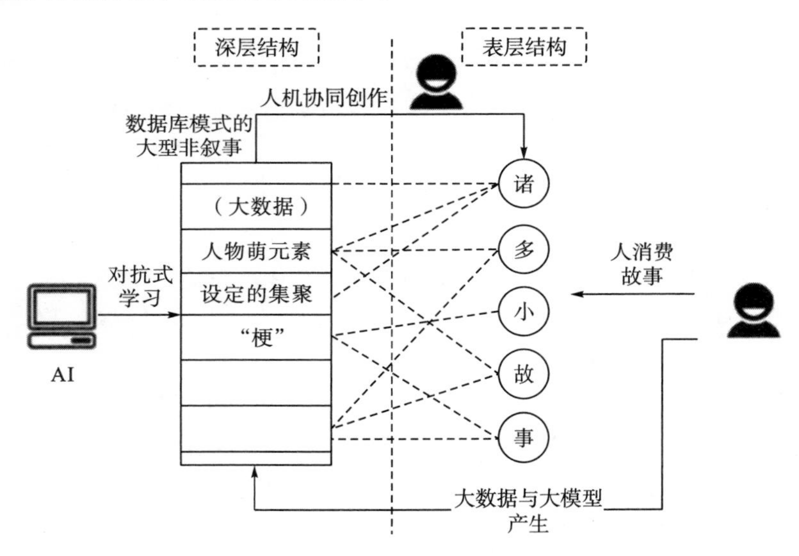

图 9－3 AIGC 时代的故事消费与数据库逻辑

AIGC 的引入并未取代原有的数据库消费模型，而是使其在广泛化和自动化方面得到了补充和扩展。因此，笔者将这种基于 AIGC 的故事消费模式称作“AI＋块茎结构”。这一模式不仅修正了东浩纪的旧有模型，还在技术的支持下，为认知图式注入了新的活力。然而，需要指出的是，东浩纪的理论最初是从文化研究和后现代批判的角度提出的，并且是在修正利奥塔关于宏大叙事瓦解的观点的基础上形成的。因此，AIGC 的引入不仅是技术发展的结果，也反映了文化和认知模式的进一步演变。

1. 数据库已不仅仅是一种技术手段，后现代主义文化学者将其作为当代人们的一种“认知图式”加以批判。而以数据库为模型的“数据库消费”作为人的消费模式，既构成当代各种亚文化的底层逻辑，也从根本上反映出当前互联网文化的特点。

2. 在当前中国互联网中，粉丝对IP的衍生内容开发、“同人”文化与Cosplay、各种“梗”以及“鬼畜”文化等现象，都在一定程度上反映出数据库消费的一般性特征，但同时又与中国语境、中国互联网文化密切相关。

3. AIGC时代的到来，并未真正取缔原本的数据库消费模型，而是将一些关键步骤引向广泛化、自动化。

东浩纪．动物化的后现代：从御宅族透析消费社会［M］．褚炫初，译．上海：上海人民出版社，2024．

刘金平．数据库影像的三副面孔——叙事媒介、文化消费与批判实践［J］．北京电影学院学报，2022（6）：60－68．

黄懋．科幻影视IP的资料库消费与宏大叙事研究——以“三体宇宙”为例［J］．视听，2023（3）：25－28．

第十讲　数智媒体艺术的交互设计

在讨论“电子游戏”作为“第九艺术”的可能性时，我们强调了其“交互性”的独特价值。与此前八大艺术形式（如绘画、音乐、电影等）相比，电子游戏的关键区别正是在于其内在的“交互性”特征。交互性的引入使得这一依托于新兴媒介和前沿技术的艺术形式，能够在前所未有的层面上与受众建立更为紧密的联系。这种联系不仅表现在生理层面，即玩家通过操控设备与游戏环境进行实时互动，同时也体现在心理层面，游戏体验通过交互设计深刻影响玩家的情感和认知，提供了一种沉浸式的艺术体验。

在新媒体产品、艺术和内容的生产和传播过程中，“交互性”的重要性已不言而喻。它作为一种核心特征，改变了用户与媒介之间的关系，并重新定义了艺术体验的边界。然而，我们对新媒体“交互性”的理解并非静止不变，而是随着技术发展和媒介进化而不断演变。许多我们今日视为“新”的交互方式，实际上在不同的历史语境中早已萌芽或存在，只是在新的技术框架下被重新发现、改进或再度应用。通过这种视角，我们能够更深刻地反思交互性在新媒体艺术中的角色及其历史与未来潜力。

相关案例

“掌上电脑”的兴衰

PalmPilot 是 Palm 公司于 1996 年推出的一款掌上电脑（Personal Digital Assistant，PDA），它为移动计算设备开创了一个新市场。作为一款先驱性产品，Palm Pilot 在设计上强调简洁、便携和直观的用户体验，专注于基本的日程管理、通信录、记事本和计算器等功能，迎合了当时商务人士对数字化管理工具的需求。

多种因素帮助 Palm Pilot 迅速成为市场领导者，到 2000 年时，其全球销量已突破千万台，成为便携式数字助理设备的代表。与其他复杂的 PDA 设备相比，Palm Pilot 采用了手写识别技术（Graffiti）和触控笔进行操作。这种输入方式比传统键盘输入更便捷，尤其适合手持设备的应用场景。Palm Pilot 的体积小、重量轻，使其成为当时商务人士日常携带的理想选择。它的设计理念是“口袋里的助理”，强调随时随地便捷使用。在那个时期，电子设备的续航问题是影响用户体验的重要因素。Palm Pilot 使用 AAA 电池，续航时间长，能满足用户长时间的使用需求。Palm 公司提供了一个开放的开发平台，吸引了大量开发者为 Palm Pilot 开发各种实用程序，如日历管理、电子邮件客户端、电子书阅读器等。

尽管 Palm Pilot 在其早期凭借创新的交互设计和便捷的用户体验取得了显著成功，但它的市场地位并未能持续。2007 年，iPhone 的发布标志着智能手机时代的到来，除了苹果，其他公司如黑莓（BlackBerry）、惠普（HP）等也推出了功能强大的便携式设备和智能手机，迅速占领了 Palm 的市场份额。但 Palm 并未能在硬件和软件方面持续创新。随着移动互联网的快速发展，用户对设备的需求从单一功能转向多功能、全方位的智能化体验。Palm Pilot 的局限性使其难以满足这种新的需求趋势。

虽然 Palm Pilot 最终在智能手机时代到来时失去了市场地位，但它在移动设备和交互设计史上仍然留下了重要的遗产。Palm Pilot 在早期便引入了触控操作和手写识别技术，这些交互方式在后来的移动设备中得到了更广泛和深入的应用。而其成功得益于其开放的应用开发平台和丰富的第三方应用支持，硬件的成功不仅仅依赖于自身的创新，还需要一个强大的软件和内容生态系统的支持。

尽管在“功能”方面似乎与后来兴起的智能手机大致相当，但 Palm Pilot 的失败部分在于其未能及时适应市场变化和用户需求的转变。在新技术层出不穷的时代，交互设计必须具有前瞻性和灵活性，能够快速响应市场动态和用户的变化需求。

案例出处：36 氪. Palm 兴衰史：从 Palm 到 Web OS［EB/OL］.（2014－01－07）［2024－09－04］. https://www.36kr.com/p/1641822519297.

课堂讨论

“掌上电脑”的兴衰为我们深入讨论“交互性”在数智媒体设计中的挑战与机遇，提供了哪些启示？

你还记得其他被淘汰的新媒体交互方式吗？

一、交互设计对新媒体内容的意义

（一）从交互到“人机交互”

交互（Interact）作为一个动词，本质上涵盖了事物之间的相互作用，其特征体现在双向的效果及互为因果的关系中。在最一般的意义上，交互不仅仅意味着简单的接触或影响，而是指一种动态的、持续的过程，其中参与的各方不断相互影响和适应。这个定义可以扩展到人与人之间、人与环境之间，乃至技术系统与用户之间的多种情境之中。

在日常生活的情境下，交互性广泛体现在人与人之间的各种形式的交流与互动中。无论是面对面的沟通还是通过数字媒介进行的交流，交互在人们的生活、工作和学习环境中无处不在。广义而言，交互可以被理解为人与自然界万物之间的信息交流和反馈过程，代表着双方的相互作用和影响。这样的互动不仅包括显性的语言、行为和动作，也涵盖了隐性的情感、认知和心理层面的回应与反馈。

从传播学的角度来看，交互性作为一种重要的媒介属性，指的是信息在发送者与接收者之间的双向流动。这一特征使得交互性成为数智媒体的核心特征之一。相比于传统的单向传播媒介（如电视、广播等），数智媒体（如互联网、社交媒体、虚拟现实等）允许用户通过多种方式（如点击、触摸、手势、语音、体感等）与媒介内容进行互动。这种互动不仅是信息的单向传输和接收，而是一个更加复杂的过程，涉及信息的生成、传播、共享和反馈的多层次循环。这一过程体现了传播者与受众之间动态的权力关系，也重塑了信息生产与消费的逻辑。

当交互性概念进入新媒体的硬件和软件设计领域时，其意义进一步得到拓展。在这个层面上，交互不仅仅是信息的交换，更涉及人与计算机系统之间的互动。通过界面（Interface）设计，用户得以与各种数字设备和软件进行交互。界面作为人机交互的中介，承载了信息的输入与输出，决定了用户体验的直观性和便利性。诸如网站、应用程序和各种网络服务，都是通过界面来实现人机交互的具体实例。

界面与用户界面

界面（Interface）是一个广泛应用的术语，指的是两个系统、设备或主体之间进行交互的媒介或桥梁。其核心功能在于使不同系统或组件能够相互通信和协作。界面可以在多个领域中找到其应用。例如，在硬件领域，物理接口如USB和HDMI允许设备通过标准化的连接方式进行数据交换；在软件领域，应用程序接口（API）使得不同的软件系统能够按照预定的协议交换数据和功能；在操作系统和应用程序之间，系统界面提供了利用操作系统资源的接口；在人机交互中，物理设备如键盘、鼠标和显示器构成了人类与计算机系统互动的界面。

用户界面（User Interface，UI）则是界面的一种特殊类型，专注于人类用户与计算机系统或应用程序之间的互动媒介。用户界面设计的主要目标是使用户能够有效且直观地操作计算机系统。其组成部分包括视觉设计、交互设计、反馈机制和信息架构。视觉设计涉及界面的布局、颜色和图标等元素，这些元素帮助用户识别功能并进行操作。交互设计则关注用户如何通过点击、滑动、输入等动作与系统互动，确保操作过程的流畅性。反馈机制在用户操作时提供即时的视觉或听觉反馈，以告知操作结果和状态。信息架构则是组织和结构化信息的方式，旨在帮助用户快速找到所需的功能或信息。

用户界面可以分为不同的类别，其中，图形用户界面（GUI）通过图形元素（如窗口和按钮）提供操作方式，是现代操作系统和大多数应用程序的标准界面；命令行界面（CLI）则通过文本命令与系统交互，适用于高级用户执行复杂操作；触控界面允许用户通过触摸屏进行操作，广泛应用于智能手机和平板电脑；语音用户界面（VUI）通过语音命令与系统进行互动，像语音助手（Siri）所提供的界面；虚拟现实（VR）和增强现实（AR）界面利用沉浸式技术，创建交互式的虚拟环境。

在这一背景下，人机交互（Human－Computer Interaction，HCI）作为一门研究学科，专注于系统与用户之间的交互关系。这里的“系统”不仅涵盖各种物理机器，也包括计算机化的系统和软件应用。HCI的研究领域广泛，从用户界面设计到用户体验研究，以及支持这些设计的技术实现和认知心理学理论，都在其讨论范围之内。HCI的核心目标是设计出更加自然和高效的交互方式，以便用户能够更直观、更流畅地与系统进行互动。

随着人机交互技术的不断发展，尤其是计算机识别技术的突破，交互的方式和维度得到了前所未有的扩展。现代计算机系统不仅能够识别和处理传统的图形和数字信息，还能够处理语言、手势、面部表情等多种感官输入。这种多样化的交互方式使得用户体验更加丰富和沉浸。例如，语音识别技术允许用户通过自然语言与系统沟通，触控技术使得用户可以直接用手势操作设备，而面部识别技术则为个性化服务提供了新的可能性。这些进展标志着人机交互的核心本质：一方面是“人”的维度，人类文明的进步始终离不开人与工具之间的互动；另一方面是“机”的维度，自计算机诞生以来，人机交互技术的创新从未停止。为了提高人类生活的便利性，机器的设计正朝着更为智能化的方向发展，智能化和自然化贯穿了整个人机交互的发展历程。

归纳来说，交互性的概念围绕着人与系统之间的双向作用关系展开。作为技术的核心问题，交互性不仅涉及具体的技术实现，还提供了理解人与技术、人与媒介之间复杂关系的关键视角。无论是在日常生活的应用实践中，还是作为媒介理论和技术应用的基础，交互性的内涵和外延都在不断地被重新定义和拓展。这种不断演变的交互性不仅推动了技术的进步，也深化了我们对技术如何融入人类生活的理解。

（二）交互设计

交互设计是从人机交互领域中分离并独立发展起来的一门新兴学科，它本质上是一个跨学科的领域。作为一种研究方向，交互设计不仅需要汲取人机交互的基础知识，还必须融合多个相关学科的理论和技术。这一领域不断摒弃传统方法，紧跟科学技术的前沿，并不断探索人类大脑的认知机制，以应对技术和用户需求的不断变化。

从事人机界面系统设计的工作涉及认知科学、计算机科学、人因工程、生物医学、神经科学、信息工程、人工智能等多学科的交叉融合。这种多学科的结合不仅挑战性极高，而且对于设计人员提出了更高的要求。他们需要综合生理学、心理学、解剖学、管理学、系统学等领域的知识，研究人与计算机系统之间的关系。同时，还必须考虑到认知脑科学、大型动态显示、多重控制终端、数字仪表信息等方面，以优化人机界面的信息呈现形式、控件图标布局原则以及告警信息的表现方式。

在面对新挑战时，交互设计领域将信息科学、设计科学、控制学科、神经设计等相关领域融合，以推动自然人机交互的发展。特别是多通道人机共融的趋势，正在成为国际上人机交互设计的主流发展方向。迎接人机智能共融交互时代的到来，是一项充满诱惑、挑战和艰巨任务的工作。这个时代不仅要求技术上的创新，更需要在设计理念和实际应用中进行深度的融合与优化，以创造更加自然和高效的用户体验。

（三）交互设计的发展简史

交互设计历史可以追溯到计算机技术的初期，并经历了多个阶段的演变。直到1970年代，计算机交互主要依赖用户通过命令行界面（Command Line Interface，CLI）与计算机系统进行交互。这一时期的交互方式较为基础，主要通过键盘输入命令来实现计算机操作，技术上并未突破初期的局限性。

进入1980年代，图形用户界面（Graphical User Interface，GUI）的引入标志着交互设计的重大变革。苹果的Macintosh计算机，以及微软的Windows操作系统，率先采用了图形界面和鼠标操作。这一阶段，用户不再仅依赖文本命令，而是通过图标和窗口进行操作，大大简化了交互过程，提高了操作的直观性和易用性。

随着互联网的普及和多媒体技术的发展，1990年代至2000年代的交互设计迎来了新的变革。网页设计和浏览器技术的兴起，使得交互体验变得更加动态和互动。同时，多媒体技术的进步也推动了游戏和其他应用的创新，增强了用户的参与感和沉浸感，例如任天堂的游戏机就是这一阶段的代表。

2000年代到2010年代，移动设备的普及进一步推动了交互设计的发展。2007年，苹果推出的iPhone引领了触摸屏技术的广泛应用，手势操作（如滑动和捏合）成为主流，使得用户体验更加自然和直观。移动操作系统（如iOS和Android）的出现，不仅促进了应用程序的发展，也推动了用户界面的优化和创新。

在2010年代至今，自然交互和人工智能的整合成为交互设计的新趋势。从历史发展的线索来看，交互设计从初期的命令行界面到图形用户界面，再到触摸和自然用户界面的演变，展示了技术进步与用户需求变化的紧密关系。

从交互设计的发展前沿来看，自然交互技术为用户提供了一种通过语音、手势、面部表情等自然行为与系统进行互动的方式。这种技术的进步使得人与计算机的交互更加直观和流畅。然而，自然交互的字面定义虽然简单，却掩盖了其背后的复杂性。虽然人类的生理反应具有高度的一致性，但由于文化背景、教育程度和认知水平的差异，所谓的“自然”交互的边界也变得模糊起来。

（四）自然交互设计

自然用户界面（Natural User Interface，NUI）技术通过模仿人类的自然行为（如语音、手势、面部表情等）来实现与系统的互动，从而使人与计算机系统的交互更加直观和自然。NUI的核心在于利用用户的现有技能，使交互过程减少对复杂输入设备的依赖，基于自然的行为模式来进行互动。这种技术的目标是降低学习成本，提高交互的自然性和直观性。

对NUI的一种定义提供了我们理解这一概念的重要视角：NUI是为“一个设计用于重复使用现有技能以适当与内容交互的界面”（“An interface that is designed to reuse existing skills for interacting appropriately with content”）。在这里有两个关键词：关键词“现有技能”（Existing skills）涵盖了人类的基本技能，如语言交流、眼神交流、身体语言和触摸等，同时也包括专业技能，如特定领域的技术、认知和信息处理能力；关键词“适当”（Appropriately）则反映了奥卡姆剃刀法则的原则：简化设计，避免不必要的复杂性，帮助用户在特定场景下选择最合适的交互方式，从而提高操作的效率和准确性。

因此，当我们谈论NUI的概念时，我们必须了解我们所谈论的是“用户的自然”，而不是自然的界面。也就是说，界面必须以实现用户的目标为设计目的，使他们与产品的互动和对产品的感觉更加自然。因此，有必要将NUI中的“自然”一词与现实世界分开，因为它不以任何方式指定产品的特征，而是指定用户的体验。为了获得这种自然的体验，用户必须经历一段时间的探索，也就是我们所说的学习成本。

以“人”为中心，这就让NUI技术对交互设计的独特意义和作用得以体现，主要集中在以下几个方面：

首先，NUI技术通过减少用户与技术之间的障碍，使交互更加自然和流畅，从而显著提升了用户体验。例如，Microsoft Kinect利用体感技术使用户通过自然动作来控制游戏，提升了游戏的沉浸感和互动性。

其次，NUI降低了学习成本。与传统的交互方式相比，NUI允许用户利用现有的自然技能（如语音指令和手势）进行操作，从而减少了复杂的操作步骤。例如，Apple Siri和Amazon Alexa利用自然语言处理技术，使用户能够通过简单的语音命令控制智能设备，降低了用户的学习成本。

再次，NUI技术增强了互动性。通过支持多种自然的交互模式，如触摸、语音和手势，NUI技术使用户能够根据不同的情境选择最合适的交互方式。例如，Google Glass结合了触控板和语音控制，为用户提供了即时的信息交互体验。

最后，NUI技术推动了相关技术领域的创新。计算机视觉、语音识别和机器学习等技术的进步不仅提升了NUI系统的性能，还为其他技术应用提供了新的可能性。例如，Microsoft HoloLens利用空间映射和多模态交互技术，提供了丰富的增强现实体验，推动了虚拟现实技术的发展。

总之，自然用户界面技术通过使人机交互更符合人类的自然行为和直觉，大幅提升了交互的自然性和效率。这不仅改善了用户体验，也推动了技术的不断创新，为未来的交互设计带来了新的可能性。

（四）多模态交互设计

在日常生活中，我们习惯于通过多种感官和行为方式与周围世界进行互动。例如，当我们与朋友交流时，不仅仅依靠语言，还会通过面部表情、手势和肢体语言来传达情感和意图。我们在厨房里烹饪时，眼睛观察食材的颜色和质地，耳朵听取烹饪的声音，手指触摸锅具的温度。这种多种感官和行为的综合使用，使得我们的生活充满了自然、流畅且直观的互动体验。这一现象在交互设计领域中也得到了反映，尤其是在多模态交互设计中。

多模态交互（Multimodal Interaction）是自然用户界面（NUI）中的一个重要概念，它指的是在用户与系统的交互过程中，利用多种感官渠道和交互方式来实现信息的传递和处理。这种交互方式综合了视觉、听觉、触觉等多种感知方式，使用户能够通过不同的输入模式（如语音、手势、触摸、面部表情等）与系统进行更为自然和直观的互动。当我们谈论应用在 NUI 中的多模态交互时，我们探讨的不仅仅是上述多种感官的融合，而是如何合理利用多模交互实现“自然”，通过多感官更全面地适应用户及其环境，从而提升用户体验。

多模态交互能够实现多样化的输入方式，允许用户通过多种输入方式来与系统进行互动。例如，用户可以通过语音命令控制智能家居设备，通过手势操作虚拟现实中的对象，或者通过触摸屏来导航应用程序。这样的设计使得用户能够选择最适合当前情境的交互方式，从而提高了操作的灵活性和效率。

同时，在多模态交互中，系统能够同时处理来自不同感官渠道的信息，并将其融合以实现更准确的用户理解。例如，语音识别系统可以结合用户的语音指令和面部表情来判断用户的情感状态，从而做出更为贴切的响应。这种信息融合有助于提高交互的自然性和智能化水平。

此外，多模态交互能够提供更为丰富和直观的用户体验。通过结合不同的交互模式，用户可以更加自然地与系统进行沟通。例如，在虚拟现实应用中，用户可以同时使用手势和语音来操控虚拟环境，这种多重交互方式能够提升沉浸感和操作精确度。

在发展前沿中，多模态交互与沉浸式技术相结合，让 NUI 在 AR、VR 和 MR 中也得到了应用，例如 Snapchat 和 Instagram 基于面部表情的 AR 滤镜，还有 VR 和 MR 中的自然手势（Gesture）交互和凝视（Gaze）交互。

课堂讨论

你认为在当前各种电子设备的自然交互设计当中，人类感官的哪些模态是被重视的，哪些感官是被忽视的？

能否设想一种包含所有感官的多模态交互设备？它适合展现怎样的内容？

三、以 VR、AR、MR、XR 为载体的新媒体交互设计

“交互设计”在新媒体各个形态、内容与艺术中的应用，已然成为一个必要条件，

也是体现新媒体之“新”的关键。近年来，随着元宇宙的兴起，虚拟现实技术不断革新，诸如增强现实（AR）、虚拟现实（VR）、混合现实（MR）和扩展现实（XR）等概念频频出现在公众视野中。这些“××现实”技术不仅推动了交互设计的前沿发展，也展示了其独特的优势和特征。

首先，这几个“R”到底是什么意思？又怎么区分呢？其次，它们所借助的技术手段与交互设计特征有何异同？

（一）虚拟现实（VR）

虚拟现实（Virtual Reality，VR）是一种利用计算机技术生成的仿真环境，能够模拟用户与虚拟世界的互动。通过将用户完全沉浸在计算机生成的环境中，VR 技术为用户提供视觉、听觉等感官来模拟现实，使用户能够体验到与现实世界类似甚至超越现实的虚拟体验，具有很强的“临场感”和“沉浸感”。

这种体验通常通过专用的硬件设备，如虚拟现实头戴式显示器、手套、控制器和体感设备等来实现，在环境中互动。虚拟现实技术囊括计算机、电子信息、仿真技术，其基本实现方式是计算机模拟虚拟环境给人以环境沉浸感。

换句话说，在一个完全虚拟可交互的数字世界中，我们穿上相关的 VR 设备，就可以实现强大的图形视觉体验，不受物理环境条件的限制。例如最近流行的 VR 游戏、VR 绘画等。

虚拟现实设备发展简史

虚拟现实（VR）设备的发展经历了从早期实验性设备到现代高端产品的演变。这一过程不仅标志着技术的进步，也体现了虚拟现实在各个应用领域中的广泛影响。

其实早在 1960 年代，虚拟现实的概念就已出现，科学家开始对这项技术进行实验性的探索。VR 设备的雏形可以追溯到 20 世纪 60 年代。1968 年，计算机科学家伊万·苏瑟兰（Ivan Sutherland）发明了世界上第一个头戴式显示器（HMD），被称为“沉浸式虚拟现实”。这一设备尽管技术原始，但为 VR 设备的未来奠定了基础。它提供了头部跟踪和立体视觉，尽管其使用体验尚不成熟，但开创了 VR 设备的先河。1970 年代，美国航空航天局（NASA）开始使用 VR 技术来模拟和训练航天员的任务，这一时期的 VR 技术主要用于军事和航空航天领域。

进入 1980 年代后，VR 技术开始引起学术界和工业界的关注。1984 年，Jaron Lanier 创办了 VPL Research 公司，他是“虚拟现实”这一术语的提出者之一。VPL Research 开发了早期的 VR 设备，包括数据手套和头戴式显示器，这些设备使得用户能够更自然地与虚拟环境互动。

1990 年代，VR 技术开始进入大众市场，主要应用于游戏和娱乐领域。此时，许多公司推出了基于VR的游戏机和模拟系统，如SEGA的VR头显。然而，由于当时的技术限制和高昂的成本，VR设备未能在主流市场取得广泛成功。

2000年代，随着计算机图形学、处理器技术和传感器技术的进步，VR技术得到了显著改进。2007年，Flickr的创始人Caterina Fake和设计师Tony Parisi提出了“虚拟现实”的新定义，并在社交媒体上推动了VR技术的普及。

2010年代，VR技术经历了迅猛的发展，消费级VR设备开始进入市场。2012年，Oculus Rift的众筹成功标志着现代虚拟现实时代的开始。之后，Facebook（现为Meta）收购了Oculus，并进一步推动了VR技术的发展。此外，Sony、HTC和Valve等公司也相继推出了自己的VR设备，如PlayStation VR、HTC Vive和Valve Index，这些设备提供了更高的分辨率、更低的延迟和更好的用户体验。

2020年代以来，VR技术已经成熟，并且得到了广泛的应用，包括游戏、教育、医疗、远程协作和社交等领域。公司如Meta（前Facebook）、HTC、索尼和其他科技巨头持续推动VR技术的发展和普及。随着VR技术应用范围的不断扩展，从专业训练到娱乐体验，再到沉浸式社交，VR正在不断地改变我们与数字世界互动的方式。

在VR技术中，计算机生成图像（Computer Generated Imagery，CGI）和实拍图像各自扮演着重要的角色，它们在技术实现和应用上具有明显的异同。

CGI通过计算机程序生成，涉及三维建模、纹理映射、光照计算和渲染等技术。使用专业软件（如Blender、Maya、3ds Max）创建三维模型，然后通过渲染引擎将这些模型转换成二维图像或动画。实拍图像通过特殊摄像机（如全景相机、VR摄影机等）直接捕捉现实世界的光线和物体。这个过程通常涉及摄影技术、灯光控制和后期处理（如色彩校正），

相比之下，CGI和实拍图像在VR技术中各有优势和局限。CGI提供了无限的创造潜力和高度的控制，适用于虚拟和幻想场景的构建；而实拍图像则以其真实感和自然性在需要高度现实的应用场景中发挥关键作用。

CGI在创建完全虚构的环境（如科幻世界、奇幻场景）中发挥了重要作用，且支持实时渲染，使用户可以在虚拟环境中进行自由探索和互动。在建筑设计、产品原型和电影制作中，CGI用于创建详细的视觉展示，帮助设计师和客户在实际建造或生产之前对项目进行可视化。

实拍图像直接反映了现实世界中的细节和质感，其真实性和自然感使其在某些应用中优于CGI，尤其是当真实感至关重要时。相比CGI，实拍图像的后期处理的需求相对较低，但仍需要进行图像修整和合成。在需要高真实感的VR应用中，实拍图像依然占据重要位置。例如，在医疗培训、虚拟旅游和现场体验等应用中，实拍图像能够提供更接近现实的体验。在需要记录和展示真实世界场景的应用中（如历史遗迹的数字化、现场调查），实拍图像提供了真实、可靠的数据。

相关案例

VR游戏《半衰期：艾利克斯》

《半衰期：艾利克斯》(*Half-Life: Alyx*) 是由Valve Corporation开发的虚拟现实（VR）第一人称射击游戏，自2020年发布以来，在VR游戏的发展历史中占据了重要的位置。该游戏不仅延续了《半衰期》系列的经典元素，还在交互性方面做出了重要创新，对VR游戏的发展产生了深远影响。

游戏中的交互不仅限于简单的按钮操作，还包括复杂的物理互动。例如，玩家可以用手抓取、移动和操作环境中的物体。玩家通过VR手柄进行手势控制，手柄的不同操作（如抓取、投掷、旋转等）都可通过精细的控制系统得以实现，这种设计使得玩家能够更加直观地控制角色的动作和互动。由此，利用VR技术中的动态交互，允许玩家在游戏世界中进行实时的、富有挑战性的任务。

案例出处：游资网.《半衰期：爱莉克斯》媒体评分汇总：VR游戏的新标杆［EB/OL］.（2020-03-24）［2024-07-28］. https://www.gameres.com/864296.html.

VR纪录片

在纪录片创作中，虚拟现实（VR）技术已经开辟了新的叙事方式和观众体验。通过沉浸式的视觉和听觉环境，VR纪录片能够为观众提供更为生动和直观的内容体验。

《山村里的幼儿园》是中国首部VR纪录片，由财新传媒与联合国、中国发展研究基金会联合制作。影片首次采用虚拟现实技术拍摄留守儿童、进城务工父母及农村志愿者教师的生活状态，取景地包括贵州松桃和湖南古丈。影片通过360°全景视频，让观众沉浸式体验留守儿童的生活，引发社会对留守儿童问题的关注。该片在第四届反贫困与儿童发展国际研讨会上发布，标志着中国媒体在沉浸式报道领域的正式尝试。

案例出处：邱嘉秋. 中国首部VR新闻纪录片《山村里的幼儿园》创作全录［J］. 传媒评论，2016（4）：24-25.

（二）增强现实（AR）

增强现实（Augmented Reality，AR）是一种将虚拟信息与现实环境相融合的技术，其核心目标在于通过计算机生成的信息对用户的感知体验进行增强。与虚拟现实（VR）将用户完全沉浸在计算机生成的虚拟世界中不同，增强现实旨在用户的现实视野中叠加虚拟信息，使得虚拟与现实得以无缝衔接。增强现实的典型特征是通过相机、显示器、传感器等硬件设备，将数字内容（如图像、文字、视频、三维模型等）实时叠加在用户所处的现实环境之上。这种融合的结果是：用户不仅能够看到现实世界的真实场景，还能通过视觉、听觉甚至触觉等多模态感知，获得更为丰富的信息体验。

增强现实的应用范围广泛，涵盖教育、医疗、工业、娱乐、军事等多个领域。在教育领域，AR技术能够将抽象的理论知识转化为可视化的、交互式的学习内容，使得学生能够更直观地理解复杂的概念；在医疗领域，AR技术可以帮助外科医生在手术过程中实时查看患者的三维解剖结构图，提高手术的精准度和安全性；在工业制造领域，AR技术被用于设备的维护和装配指导，通过在现实中叠加操作步骤和注意事项，提高工人的操作效率和准确性；在娱乐和游戏领域，AR技术则开辟了全新的用户体验模式，著名的AR游戏《精灵宝可梦GO》（*Pokémon GO*）就是一例典型，游戏通过增强现实技术将虚拟的精灵放置在现实世界的场景中，打破了传统的屏幕界限，创造了更具沉浸感的游戏体验。

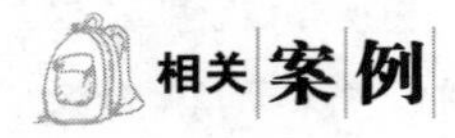

AR游戏《精灵宝可梦GO》

《精灵宝可梦GO》（*Pokémon GO*）是一款由Niantic开发，并与任天堂及The Pokémon Company合作推出的增强现实（AR）手机游戏，于2016年7月发布。该游戏将AR技术、全球定位系统（GPS）、移动设备的摄像头等多项技术融合在一起，为玩家提供了一种前所未有的互动体验。在游戏中，玩家可以在现实世界中探索并通过摄像头在屏幕上“捕捉”虚拟的宝可梦（Pokémon），同时可以与其他玩家进行交流、对战和合作。

游戏的核心玩法围绕着“探索、捕捉、收集和战斗”四个要素展开。玩家需要在现实世界中行走，利用手机的GPS功能定位当前位置，通过AR技术在实际的环境中显示出宝可梦的位置。游戏使用摄像头将虚拟的宝可梦叠加在现实场景中，使玩家能够“真实”地在街道、公园或其他地点发现和捕捉宝可梦。此外，游戏还引入了道馆战（Gym Battles）和团队突袭战（Raid Battles）等PVP和PVE玩法，鼓励玩家组成团队与其他玩家协作，共同对抗强大的对手。

游戏在AR技术的应用上具有突破性意义。通过使用手机摄像头和传感器，游戏将虚拟宝可梦的形象叠加在现实环境中，玩家可以通过手机屏幕看到宝可梦出现在他们周围的真实世界中。这种技术使得游戏的互动性极大增强，将传统的数字游戏体验延伸到了现实生活中，极大地模糊了虚拟与现实的边界。玩家不再局限于屏幕之内，而是被动员到现实世界中去探索、发现和互动。

实际上，《精灵宝可梦GO》的影响力远超出游戏本身，成为一种社会和文化现象。在全球范围内，这款游戏迅速积累了大量用户，推动了“游戏即生活”的理念。由于游戏要求玩家在现实中行走和探索，这对玩家的户外活动有了显著的促进作用。许多玩家因此增加了运动量，形成了社交互动，甚至有研究指出游戏的流行在一定程度上促进了公众健康的改善。此外，游戏还使许多城市的公共场所（如公园、地标和博物馆）成为热门的游戏地点，增加了这些场所的游客流量和社交互动。

案例出处：吴俊宇.《精灵宝可梦GO》流行后的VR、AR、MR如何前行？［J］. 通信世界，2016（21）：56—57.

（三）混合现实（MR）

虚拟现实（VR）和增强现实（AR）各自还没有走到极致，然而已经有了融合迹象，这就是混合现实（Mixed Reality，MR），即 MR＝VR×AR。MR 是 AR 技术的进一步发展，将真实世界和虚拟世界融合在一起，产生了新的可视化环境，并且“实时”现实。这意味着，如果在现实空间中放置一个新的图像，它将在一定程度上与我们现实环境中的真实物体互动。

MR 是将现实世界与虚拟世界相融合的技术，通过将物理和数字元素无缝地结合在一起，为用户提供一种同时包含现实和虚拟内容的沉浸式体验。MR 不仅是在用户的视野中叠加虚拟对象，还允许这些虚拟对象与现实世界进行实时交互。混合现实介于虚拟现实和增强现实之间，不仅保留了用户对现实环境的感知，还通过计算机生成的虚拟信息来增强现实环境的表现力。MR 的关键在于虚拟对象和真实环境之间的交互性和共存性。MR 技术可以在一个共享的空间中，同时呈现物理和数字内容，并允许用户通过手势、语音、眼动等多种方式来操作和控制虚拟元素。通过这种方式，MR 可以创造出比 AR 和 VR 更复杂和高度互动的体验。

MR 主要基于以下技术手段：①空间映射与环境理解，MR 设备通过传感器和摄像头捕捉现实世界的信息，创建一个高精度的 3D 空间模型，使虚拟对象能够准确地定位在物理环境中；②深度感知与物体识别，MR 技术需要设备能够识别现实环境中的物体，并能够感知它们的深度和形状；③多模态交互技术，MR 技术通常支持多种交互方式，如手势识别、语音命令、眼动跟踪等，来增强用户对虚拟内容的控制和操作能力。

MR 技术具有广泛的应用前景，从娱乐、教育、医疗到工程、设计等多个领域，MR 正在成为变革数字体验和工作方式的重要工具。

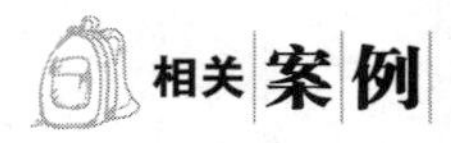

Apple Vision Pro 虚拟现实眼镜的交互方式

苹果公司在 2023 年推出的 Vision Pro 是一款突破性的混合现实（MR）头戴式设备，融合了增强现实（AR）和虚拟现实（VR）功能，旨在提供高度沉浸式的计算体验。Vision Pro 通过一系列先进的技术，实现了对虚拟对象和现实环境的无缝整合，用户可以在现实环境中看到高分辨率的虚拟图像和信息层。

苹果的“空间计算”概念旨在超越传统 2D 界面和桌面计算的范畴，利用 3D 空间中的虚拟对象和应用程序来实现更为自然和直观的交互体验。Vision Pro 借助其强大的硬件和软件生态系统，将虚拟内容与现实环境无缝融合，让用户可以在物理空间中通过手势、眼动和语音进行交互。

Vision Pro 的 EyeSight 功能在社交互动方面提供了创新设计，不仅让佩戴者能够在使用 MR 功能时与周围人保持目光接触，还能让周围人通过显示屏看到佩戴者的眼睛。这一功能增强了佩戴者与外界的沟通体验，是其他MR设备尚未具备的。

案例出处：Apple Vision Pro开启“空间计算”时代［N］．电脑报，2023-06-12（002）.

我们是否可以设想一个AR技术充斥的世界，它不仅赋能甚至盖过了“现实”本身？

随着可穿戴设备的普及，当MR技术充斥了我们日常的媒介使用习惯，会对我们的社会生活产生怎样的根本性影响？

（四）扩展现实（XR）

扩展现实（Extended Reality，XR）是用于描述多种虚拟和现实环境之间的交互技术。XR是虚拟现实（VR）、增强现实（AR）和混合现实（MR）的统称，它指的是将物理现实和虚拟世界结合在一起，以创建一种新的环境或视觉体验，用户可以在这个环境中与数字和物理对象进行实时交互。XR可以看作各种沉浸式技术的“扩展”，它扩展了现实的边界，让用户体验到更为丰富和多样的数字内容。

XR技术的核心特点在于它能够创造不同程度的虚拟化环境，从完全虚拟的世界，到部分增强的现实世界，再到物理和虚拟对象无缝集成的混合环境。这种技术融合扩展了人类感知和互动的可能性，使得它在多个领域内有着广泛的应用前景。随着硬件技术（如计算能力、显示分辨率和传感器技术）的进步，以及5G和云计算等基础设施的提升，XR的应用场景将更加广泛和深入。未来，XR有望在智能城市建设、文化遗产保护、智能家居、虚拟购物等领域发挥更大的作用。

课堂讨论

XR为体验者带来虚拟世界和现实世界之间无缝转化的“沉浸感”的同时，会对体验者造成什么样的影响？

它是否会影响我们的社会文化？

三、新媒体内容的交互设计对审美趋向的影响

随着时间的推移和技术的不断进步，人类的日常行为模式也在不断演变。然而，这些行为背后的核心意图（如与他人交流的需求）却始终未变。尽管实现这一意图的方式多种多样，从早期的书信交流到现代的电话、短信、语音消息和实时视频通话，每一次

技术进步都拓展了人类交流的方式和渠道。展望未来，虚拟现实（VR）聊天室和脑机接口等新兴技术的普及，可能会进一步变革我们的沟通模式，使之更加多样化和身临其境。

技术的民主化，即技术的广泛获取和普及，使得各种交互工具得以融入日常生活，从而推动了用户界面的不断演变和发展。当前，用户界面大致分为三种主要类别：命令行界面（CLI）、图形用户界面（GUI）和自然用户界面（NUI）。每一种界面类型代表了技术发展的一个重要阶段：从最早的文本命令输入，到图形化的窗口操作，再到如今的自然交互，这些界面的进化体现了技术对用户体验和使用习惯的逐步优化。

其中，NUI 作为最新的发展形态，日益成为技术与设计的焦点。NUI 包括可穿戴设备（Wearable devices）、智能语音助手（Smart voice assistants）、虚拟现实（VR）、增强现实（AR）和交互式墙面（Interactive walls）等形式。通过结合语音识别、手势识别、表情识别等沉浸式技术，NUI 重新定义了用户体验，并进一步优化了人机互动的方式。与传统界面不同，NUI 的核心在于通过一种更加直观、无缝且自然的方式实现用户与系统的互动，从而改变我们感知和理解世界的方式。

从心理学角度分析，基于自然交互的用户界面正在重新塑造用户的角色及其与技术的关系。在传统用户界面（如 CLI 和 GUI）中，用户更多地扮演“操作员”的角色，需要熟悉系统指令或界面导航，才能实现有效操作。而 NUI 通过减少操作的复杂性和增强互动的自然性，使用户的角色更接近“参与者”或“体验者”。这一转变使用户能够以更加直观的方式进行交互，降低了学习和适应成本。NUI 使得人与设备之间的互动更加自然和流畅，不再是冰冷的命令与反馈，而是更接近于人与人之间的互动。

此外，自然交互与沉浸式技术的结合正在深刻改变用户的认知与行为模式。传统用户界面多以任务导向为主，而 NUI 的设计更强调用户的体验过程。在沉浸式环境中，用户不仅仅是视觉上的观察者，更是情感和感官上的参与者。通过与虚拟环境的互动，用户可以更真实地体验和感知虚拟世界，从而在认知和情感层面上产生新的理解和反应。例如，在虚拟现实环境中，通过与虚拟对象的互动，用户能够更深刻地理解现实世界中的某一主题，进而影响其行为和决策。

自然用户界面与沉浸式技术的结合，不仅带来了新的交互方式，也在更深层次上改变了用户与技术的关系，推动了人机交互的持续进化。这种结合不仅代表了一种技术进步，更预示着人类与数字环境互动的新范式的到来，并将在未来的各个领域继续引领交互设计的创新与发展。

（一）用户的角色

自然交互技术的进步，重新定义了用户在互动体验中的角色。从传统的任务执行者到故事的共同创作者和参与者，用户的角色在基于自然交互的产品和平台中得到了显著的拓展。例如，在“乐高”这样的玩具中，用户不仅是搭建者，更是一个在创作过程中不断塑造故事和场景的作者。类似的角色扮演和世界建构的理念也体现在《模拟人生》《我的世界》和《动物森友会》等基于 PC 端、移动端和 Switch 的游戏中。这些游戏通过提供一个开放的虚拟空间，让用户根据自己的喜好和想象力进行场景和角色的共创，形成一种独特的互动体验。

在这种共创过程中，设计师们通过构建能够激发用户创造力的3D环境和框架，使用户得以以共同创作者的身份进行内容创作。而随着自然交互方式的加入，这种用户体验更加丰富和多元。例如，手势交互的音乐墙和互动桌等装置，让用户通过手势和动作创造独特的音乐和视觉体验；在VR游戏中，故事共创被进一步强化，用户可以通过身体动作、语音和表情等自然交互方式，深度参与到剧情和场景的创造中。这种深度的互动不仅改变了用户的参与方式，更让用户在交互的过程中获得更具沉浸感和个性化的体验。

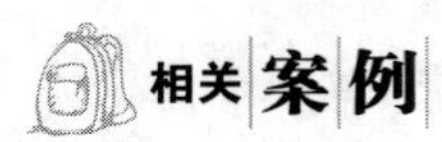

AI赋能的开放世界游戏及其多人模式

AIGC技术正在逐步影响开放世界多人互动游戏的发展，虽然目前完全依赖AIGC的游戏还较少，但现有的技术和平台展示了这种技术的巨大潜力。从《我的世界》（*Minecraft*）的AI赋能服务器到《AI地牢》（*AI Dungeon*）的多人模式，AIGC正在改变玩家如何与虚拟世界彼此互动，推动开放世界游戏进入一个更加动态和个性化的时代。

《我的世界》作为一款开放世界沙盒游戏，拥有广泛的玩家社区和多样化的游戏玩法。近年来，一些多人服务器开始引入AI技术，利用生成式AI（如GPT－3）创建动态的故事线、任务生成和智能NPC互动。玩家可以与这些AI驱动的元素进行互动，使得游戏世界更加生动和个性化。在这些服务器中，AI可以实时生成任务、对话和世界事件，适应玩家的行为和决策，提升了游戏的动态性和沉浸感。玩家在一个不断变化和进化的世界中互动，而这个世界是由AI生成和调整的。

《AI地牢》受到了经典桌面游戏《龙与地下城》（*Dragons and Dungeons*）的启发，是一款基于文本的RPG游戏，由AI生成的内容驱动。最近，该游戏推出了多人模式，玩家可以在同一个虚拟世界中合作或对抗，由AI生成的情节和世界元素不断变化和发展。在多人模式下，游戏的生成式AI不仅为每个玩家提供个性化的体验，还根据玩家的集体行为和互动动态调整故事情节和世界设置。这个游戏展示了AI如何在一个不断变化的开放世界中创造动态和多样化的多人互动体验。

未来，我们可能会看到更多集成AIGC技术的开放世界多人互动游戏，为玩家带来更具沉浸感和创造性的体验。而由AI赋能的开发世界游戏及其多人模式，也体现出数智媒体条件下的“游戏玩家”从“内容消费者”到“内容提供者”的演进前景。

案例出处：徐丽芳，左涛．基于人工智能的开放式文字冒险游戏——AI Dungeon个案研究［J］．出版参考，2021（2）：19－23．

AI赋能的开放世界游戏在互动性、玩家的用户体验等方面带来了怎样的新变化？

（二）重塑用户体验

自然交互将交互场景从传统的二维屏幕扩展到三维空间，为用户带来了更为丰富的感官体验。交互方式也从简单的鼠标和键盘扩展到了手指、手势、语音等多模态的自然交互方式，使得用户体验过程中的情感维度更加多样化。用户在使用自然交互界面的过程中，会体验到好奇、惊奇、兴奋、寒冷和愉悦等各种情绪，而这些情绪的长时间叠加，则能够让用户在体验过程中形成具有记忆点的深刻情感联结。

自然交互通过以下三个方面重塑了用户体验：①内心体验，强调个体的情感反应和心理感受；②环境体验，关注用户在三维空间中的身体运动及其与环境的关系；③社交体验，突出用户与其他用户的互动和分享体验。在内心体验方面，自然交互界面让用户通过动作、语音、表情等方式直接表达情感，体验到更为丰富的感官刺激；在环境体验方面，用户不再局限于屏幕内的虚拟空间，而是能够与现实世界中的物理环境进行更为直观的互动；在社交体验方面，自然交互技术促进了用户之间更为自然和富有情感的交流，打破了传统屏幕对社交互动的限制，使用户能够在虚拟与现实的融合中实现深度的社交连接。

（三）空间关系不再局限于人与人

传统的空间关系理论通常涉及两个人之间的物理空间距离，用以定义他们在特定场景下的亲密程度，例如亲密距离（0～50cm）、个人距离（50～1m）、社交距离（1～4m）和公共距离（4m以上）。这些空间关系反映了人与人之间的社交互动状况，取决于他们的心理安全感、放松状态以及是否希望进行社交。然而，在自然交互和3D用户体验的背景下，空间关系不再仅仅局限于人与人之间，还涉及人与设备以及人与虚拟环境之间的空间关系。

在这种新的互动范式下，用户与设备之间的空间关系也开始被重新定义。例如，用户与手机、智能手表等移动设备通常保持着更为亲密的距离，而与电脑、电视和投影仪等设备的关系则相对疏远。这种差异反映了用户在不同情境下与设备的互动方式和使用频率。对于MR和VR设备而言，空间关系变得更加动态和多元。用户不再只是面向屏幕，而是可以在三维空间中自由移动，进行物理交互和虚拟互动。通过头部和手部的追踪技术，用户与虚拟物体之间的距离和互动方式也变得更加精确和自然。这种跨越物理与虚拟的多层次空间关系，进一步丰富了用户的体验，使得交互设计不再只是技术与艺术的结合，更成为一种重新定义人与人、人与设备以及人与环境关系的创新途径。

总体来看，基于自然交互的设计正在打破传统的人机界面限制，为用户提供更加丰富的参与和互动方式。无论是从用户的角色转换，用户体验的重塑，还是空间关系的重新定义，这些变化都为新媒体内容的创作和消费开辟了新的可能性，也为未来的交互设计提供了更广阔的探索空间。

课堂讨论

而此前人与人之间互动的主要方式，如交流（信息交流）、合作（具有共同目标）、协调（组织和优先级）和协作（共享创建），如今日益通过人与媒介之间的间接关系进行。

从体验、审美到文化，这会对我们产生怎样的影响呢？

本讲小结

1. 交互性是新媒体各形态、艺术与内容的独特要素，自然交互设计则是当前的趋势。

2. XR 为体验者带来虚拟世界和现实世界之间无缝转化的“沉浸感”的同时，也会潜移默化地影响我们的社会文化。

3. 随着人与人之间的空间关系，在一定程度上转变为人与设备之间的空间关系，在体验、审美到文化等诸多层面都将对我们产生深远影响。

参考文献

林讯. 新媒体艺术概论［M］. 上海：上海交通大学出版社，2021.
知乎账号“一些设计碎碎念”. 什么是基于自然交互（NUI）的用户界面？［EB/OL］.（2020－07－27）［2024－08－25］. https://zhuanlan.zhihu.com/p/161151346.

后　　记

随着本书的编写工作逐渐步入尾声，我们不禁感慨万千。从最初的构想到最终的成书，每一步都凝聚了我们的心血与汗水，更承载着我们对数智媒体未来发展的深切期望。

回顾整个编写过程，我们深刻感受到了数智媒体领域的博大精深与日新月异。数字技术、人工智能、大数据等先进技术的迅猛发展，不仅为媒体行业带来了革命性的变革，也极大地丰富了我们的文化生活，拓展了我们的认知边界。在这个过程中，我们既是见证者，也是参与者，更是思考者和探索者。

在编写本书的过程中，我们力求做到内容丰富、观点新颖、逻辑清晰。我们广泛收集了国内外关于数智媒体的最新研究成果和典型案例，深入剖析了数智媒体的技术基础、应用场景、社会文化影响以及未来发展趋势。同时，我们也注重理论与实践的结合，力求为读者提供具有可操作性的建议和策略。然而，由于数智媒体领域的复杂性和多变性，我们深知本书仍存在诸多不足和需要完善之处。

我们希望本书的出版能够成为一个新的起点，而非终点。我们期待更多的学者、专家、从业者能够加入数智媒体的研究与实践中来，共同推动这一领域的进步与发展。我们相信，在大家的共同努力下，数智媒体必将迎来更加美好的未来。

编　者

2024 年 10 月